计算机信息技术与网络安全探究

曹欲晓　杨志国　王晓衬　著

辽宁大学出版社　沈阳

图书在版编目（CIP）数据

计算机信息技术与网络安全探究/曹欲晓，杨志国，王晓衬著．--沈阳：辽宁大学出版社，2024．12．
ISBN 978-7-5698-1884-0

Ⅰ．TP3

中国国家版本馆 CIP 数据核字第 2024TH6452 号

计算机信息技术与网络安全探究

JISUANJI XINXI JISHU YU WANGLUO ANQUAN TANJIU

出 版 者：	辽宁大学出版社有限责任公司
	（地址：沈阳市皇姑区崇山中路66号　邮政编码：110036）
印 刷 者：	鞍山新民进电脑印刷有限公司
发 行 者：	辽宁大学出版社有限责任公司

幅面尺寸：170mm×240mm

印　　张：11.5

字　　数：217千字

出版时间：2024年12月第1版

印刷时间：2025年1月第1次印刷

责任编辑：郭　玲

封面设计：韩　实

责任校对：冯　蕾

书　　号：ISBN 978-7-5698-1884-0

定　　价：88.00元

联系电话：024-86864613
邮购热线：024-86830665
网　　址：http://press.lnu.edu.cn

前　言

　　计算机信息技术与网络安全是当今数字化时代中紧密相连的两大领域。信息技术涵盖硬件、软件及网络通信等各个方面，有力地推动了社会信息化进程，极大地提高了工作效率和生活质量。然而，随着技术的发展，网络安全问题也日益凸显，成为信息技术发展中不可忽视的重大挑战。网络安全不仅关乎个人隐私保护，更直接影响企业数据安全、国家安全乃至全球网络空间的稳定。因此，确保网络环境的安全、可靠和可控已成为信息技术领域的重要课题。随着大数据等技术在网络安全领域的应用，网络安全的实践也在不断创新，以适应不断变化的网络环境和安全需求。

　　本书从计算机基础出发，深入探讨了信息技术与计算机的基本原理、计算机网络与组成系统。接着，详细阐述了数据通信与计算机控制技术，无线传感器网络技术。另外，对计算机安全防范技术进行了深入分析，包括操作系统安全、黑客防范技术、网络攻防技术以及数据加密技术等等。最后，综合讨论了网络安全管理、网络空间的建构与信息安全，强调了在数字化时代保护信息安全的重要性。本书旨在为读者提供一个系统性的视角，以理解并掌握信息技术与网络安全的关键概念和实践技能。

　　本书参考了大量的相关文献资料，借鉴、引用了诸多专家、学者和教师的研究成果，其主要来源已在参考文献中列出，如有个别遗漏，恳请作者谅解并及时和我们联系。本书写作得到很多专家学者的支持和帮助，在此深表谢意。由于能力有限，时间仓促，虽极力丰富本书内容，力求著作的完美无瑕，仍难免有不妥与遗漏之处，恳请专家和读者指正。

作　者

2024 年 10 月

目 录

第一章 计算机基础 ... 1

第一节 信息技术与计算机基础知识 ... 1
第二节 计算机网络与计算机组成系统 ... 7

第二章 数据通信与计算机控制技术 ... 20

第一节 数据通信 ... 20
第二节 计算机控制技术 ... 33

第三章 无线网络技术 ... 48

第一节 无线局域网技术 ... 48
第二节 无线个域网与蓝牙技术 ... 51
第三节 无线传感器网络技术 ... 57

第四章 计算机安全防范策略 ... 73

第一节 网络安全策略及实施 ... 73
第二节 操作系统安全 ... 81
第三节 黑客防范技术 ... 92
第四节 网络安全系统 ... 97

第五章 网络攻防技术……107

第一节 防火墙安全……107

第二节 网络病毒与防范……116

第三节 木马攻击与防范……130

第六章 数据加密技术……134

第一节 加密概述……134

第二节 数据加密体制……139

第三节 数字签名与认证……145

第七章 网络管理与信息安全……152

第一节 网络安全管理……152

第二节 网络空间建构与信息安全……159

第三节 网络空间信息安全……165

参考文献……175

第一章 计算机基础

第一节 信息技术与计算机基础知识

一、信息技术概述

（一）信息技术与信息科学

1. 信息技术

信息技术（Information Technology，IT）是一门综合的技术。联合国教科文组织将信息技术定义为：应用在信息加工和处理中的科学、技术与工程的训练方法和管理技巧；上述方法和技巧的应用；涉及人与计算机的相互作用以及与之相应的社会、经济和文化等诸种事物。信息技术主要是利用现代计算机和通信技术来获取信息、传递信息、存储信息、处理信息、显示信息等相关技术，主要包括传感技术、通信技术、计算机与智能技术、控制技术。传感技术、通信技术、计算机和智能技术、控制技术一起被称作信息技术的四大支柱。

2. 信息科学

信息科学是以信息为主要研究对象、以信息的运动规律和应用方法为主要研究内容、以计算机等技术为主要研究工具、以扩展人类的信息功能为主要目标的一门新兴的综合性学科。信息科学由信息论、控制论、计算机科学、仿生学、系统工程与人工智能等学科互相渗透、互相结合而形成。信息科学的基础和核心是信息与控制。

信息科学研究内容包括阐明信息的概念和本质（哲学信息论），探讨信息的度量和变换（基本信息论），研究信息的提取方法（识别信息论），澄清信息的传递规律（通信理论），探明信息的处理机制（智能理论），探究信息的再生理论（决策理论），阐明信息的调节原则（控制理论），完善信息的组织理论（系统理论）。

信息科学与信息技术的发展不仅能够促进信息产业的发展，而且可以大大地提高生产效率。事实证明信息科学与信息技术的广泛应用已经成为国家经济发展的巨大动力，因此，各个国家信息科学与技术的竞争也非常激烈，都在争夺着信息科学与技术的制高点。

（二）信息素养与计算思维

1. 信息素养

在飞速发展的信息社会中，各类信息组成人类的基本生存环境，影响着人们的日常生活方式，是人们日常经验的重要组成部分。因此，信息素养是一种对信息社会的适应能力。信息素养的定义是：要成为一个有信息素养的人，他必须能够确定何时需要信息，并已具有检索、评价和有效使用所需信息的能力。信息素养所具有的四大特征是：①捕捉信息的敏锐性；②筛选信息的果断性；③评估信息的准确性；④交流信息的自如性和应用信息的独创性。

2. 计算思维

计算思维是运用计算机科学的基础概念进行问题求解、系统设计以及人类行为理解等涵盖计算机科学之广度的一系列思维活动。计算思维是目前国际计算机界广为关注的一个重要概念，是与理论思维、实验思维并列的三大科学思维模式之一，对应于自然科学领域的三大科学方法——理论方法、实验方法和计算方法。计算思维是信息社会每个人的基本技能，而不是计算机的思维方式，计算思维是数学思维和工程思维的相互融合。计算思维是人类求解问题的思维方法，采用抽象和分解的方法，将一个庞杂的任务分解成一个适合计算机处理的问题。计算思维是选择合适的方式对问题进行建模，使之更易于处理。

（三）信息安全简述

伴随着社会信息化发展步伐的加快，现代信息技术为人类提供快捷高效信息服务的同时，所面临的信息安全问题也日趋严重。作为信息社会中的一员，我们每个人都应该提高安全防范意识，自觉接受信息道德教育，遵守信息安全法律法规，对各种非法行为进行主动防御和有效抵制。信息安全的防范体系包含：①数据安全；②主体安全；③运行安全；④管理安全。从技术层面上看，数据安全是整个信息安全防范体系的核心，但实际上，主体安全、运行安全和管理安全缺一不可。

二、计算机概述

（一）计算机特点、应用和分类

1. 计算机的特点

（1）运算速度快

运算速度是计算机的一个重要性能指标，一般指每秒能执行多少条指令。

随着集成电路技术的发展，目前计算机的运算速度可高达亿次。计算机的高速运算能力解决了现代科学技术中人工无法解决的问题，例如人工计算天气预报需要几个月才能得出的结果，计算机在"瞬间"即可完成。

(2) 运算精度高

运算精度是计算机的另一个重要性能指标，取决于所用计算机表示一个数值的二进制码长度，如现在常见的 16 位、32 位和 64 位等，字长越长则精确度越高。这一特点正是科学研究和工程设计领域所需要的。

(3) 准确的逻辑判断

除了计算功能外，计算机还能进行逻辑运算，并根据逻辑判断结果自动决定下一步的执行方向。目前高级计算机还具有推理、诊断和联想等人工智能的能力。准确、可靠的逻辑判断能力是计算机实现信息自动化处理的重要原因之一。

(4) 强大的存储能力

计算机具有多种存储载体，不仅可以存储原始数据、程序和运行结果，而且随着集群技术的发展，还可以将文字、图像、声音和视频等多种媒体的海量数据存储起来，供计算机处理和用户使用。

(5) 自动控制能力强

正是由于具备运算速度快、精确度高、强大的"记忆力"和逻辑判断能力，计算机就能在事先编写的程序控制之下自动、连续地工作，完成预定的工作任务。

(6) 具有网络通信功能

计算机网络通信技术已彻底改变人与人之间的交流和信息获取方式，实现所有计算机用户的资料共享和信息交流。

2. 计算机的应用

计算机的应用已渗透到社会的各行各业和各个领域，主要有如下几个方面：

(1) 科学计算

科学计算即指利用计算机完成科学研究和工程设计中的各种数学问题计算，运用运算速度快、精确度高的计算机进行科学计算，可以完成人工难以完成的任务。如导弹飞行或卫星运行的轨迹计算、天气资料分析、大型水利工程的设计计算等，而目前基于互联网的云计算，可以实现 10 万亿次/秒的超强计算。

(2) 数据处理和信息管理

数据处理和信息管理是现代计算机最为广泛的应用领域，指的是利用计算机对大量的数据进行分类、统计分析、检索和加工处理等操作，这些数据不仅包括"数"，还包括文字、图像、声音和视频等其他媒体数据。如常见的银行账务管理、股票交易管理、企业账务或人事管理、物流管理、航空公司的票务管理、图书情报检索、图像采集与处理等。

（3）过程控制

过程控制是指利用计算机对连续的工业生产过程进行自动监测并且实时地自动控制设备的工作状态，因此也称为"实时控制"，能够替代人在危险有害的环境中连续作业，完成高精度和高速度的实时操作，在节省大量的人力物力的同时大大地提高了生产效率。如化工、冶金、电力、汽车制造自动生产线、物流包裹自动分拣等工业生产都应用了计算机实现过程控制。

（4）计算机辅助

计算机辅助是指利用计算机辅助人类完成有关领域的工作，也称为计算机辅助工程应用。如应用于产品和工程设计的计算机辅助设计 CAD（computer aided design），应用于生产设备的管理、控制和操作的计算机辅助制造 CAM （computer aided Manufacturing），应用于教学活动过程的计算机辅助教学 CAI （computer aided instruction），应用于自动化测试与检测过程的计算机辅助测试 CAT（computer aided Testing）。

（5）人工智能

人工智能是指让计算机模仿人类的某些智能活动，使计算机具有"推理"和"学习"的功能。如目前常见的智能机器人、机器翻译、医疗诊断、声音或图像识别、案件侦破等。

（6）多媒体应用

多媒体应用是指利用计算机对文本、声音、图像和视频等多种媒体信息进行综合处理与管理，使用户通过多种感官与计算机进行实时的信息交互。通常运用于教育、广告宣传、视频会议、服务业和文化娱乐业等。

随着计算机技术和网络通信的发展和应用普及，目前计算机已广泛应用在5000多个领域，包括计算机模拟、大数据、云计算、3D打印、物联网、互联网+、智慧城市、区块链、量子计算与量子通信、比特币和数字货币等各个领域，这些应用领域可在后续专业学习中加以深入了解。

3. 计算机分类

计算机的种类非常多，划分的方法也有很多种，按计算机的用途可分为通用计算机和专用计算机两种。目前市场上销售的绝大多数是通用计算机，其功能齐全、适应性强，但速度、效率和经济性相对于专用计算机来说较低。

(二) 计算机的发展趋势

随着微处理器速度和性能提升、高度集成化和移动网络通信的增强，计算机正朝着高性能化、多元化、大众化、智能化、个性化和功能综合化的方向发展，如目前人们日常生活中已出现的掌上电脑、电子词典、家用袖珍式身体检测仪等；同时，外部设备也将向高性能、高度集成发展并且更加便携；输入输出技术将更加人性化、智能化，如声像识别、虚拟现实、生物测定等技术也在不断发展与完善，人与计算机之间的交流将更加快捷完善。中小型计算机在提高运算速度、提倡绿色环保低功耗以及多媒体综合应用方面，扩展自己的应用领域和发展空间。高性能的巨型计算机也得到了快速的发展。多元化的计算机家族仍然在迅速发展。

计算机芯片技术的不断发展仍然是推动计算机未来发展的动力，同时人类也开始在非芯片技术领域对新一代计算机技术进行探索与研究，比如量子计算机、光子计算机、生物计算机、超导计算机等，这类计算机也称为新一代计算机，是目前世界各国计算机发展技术研究的重点。

三、计算机中的信息表示

现代计算机数据是以二进制代码表示的。计算机中处理现实世界中的数据可分为数值型和非数值型两大类，这些数据在计算机内部都是以二进制代码表示的。数值型数据表示具体的数值，仅有正负号和大小值，可以方便地将其转换为二进制；非数值型数据包括文本、声音、图像和视频等信息，这类数据需要以特定的编码方式转换为二进制。

(一) 数制

数制是指使用一组固定的符号和统一的规则来表示数值的方法，其中按进位方式进行计数的数制称为进位计数制。日常生活中人们常用的是十进制，而计算机中采用的是二进制，除此之外还有八进制和十六进制等。按进位法则：十进制逢十进一，二进制逢二进一，八进制逢八进一，十六进制逢十六进一。

(二) 信息编码

现代人类社会中信息的表现形式多种多样，这些表现形式称为媒体。在计算机领域中，媒体是指信息的载体，如文本、声音、图像和视频等信息表现形式。所谓编码，是指采用约定的基本符号，按照一定的组合规则来表示复杂多样的信息，从而建立起信息与编码之间的对应关系。现代计算机能够处理多种媒体，也就意味着需要采用按一定规则组合而成的若干位二进制码来表示各类媒体信息。

1. 数字编码

数字编码是采用若干位二进制组合来表示一位十进制数的编码，其中最常用的是 BCD（binary coded decimal）编码，即用 4 位二进制编码来表示对应的一位十进制数。例如，(835) 10 对应的 BCD 码是（100000110101）BCD。

2. 文本编码

文本字符是计算机中使用最多的非数值型信息，由于计算机内部只处理二进制编码，因此也需要将若干位二进制按一定组合规则形成编码来表示对应的文本字符。

（1）字母与常用符号编码

目前计算机中使用最为广泛的是 ASCII 字符编码（American standard code for infor－mation interchange，即美国标准信息交换码），是国际标准化组织（ISO）采纳使用的一种国际通用信息交换标准代码，该编码对应于由字母、数字字符、标点符号和一些特殊符号组成的西文字符集中的每个符号。

（2）汉字编码

汉字的输入、处理及输出是计算机处理文字信息的一项重要内容。由于汉字是象形文字且字数极大，因此对汉字的编码显得比较复杂，即对应于计算机处理汉字过程的输入、内部处理和输出三个主要环节。每个汉字的编码都包括输入码、交换码、内部码和字形码。在计算机中为了保证处理汉字字符和西方字符的兼容，消除它们之间的二义性，将汉字国标码两个字节的最高位都加上"1"，即转换成汉字的内部码。内部码是汉字在计算机内的基本表示形式，是计算机对汉字进行识别、存储、处理和传输的编码。

（3）Unicode 编码

因特网的迅猛发展推动了信息交换需求的高速增长，为了实现世界各地区各国家之间利用计算机处理和交流信息的便利快捷，国际标准化组织（ISO）制定了一种字符编码的统一标准 Unicode 编码。它采用 16 位二进制编码（2 个字节）表示一个字符，可编码的字符达到 65536 个，从而成为一种包含世界各主要文字不同符号的编码集合，使世界上几乎所有的书面语言都能用单一的 Unicode 编码表示。

3. 声音信息编码

声音是一种在时间和空间上都连续变化的波，是一种模拟信号，若要利用计算机对声音信号进行存储、处理与传输等操作，就必须将声音这一模拟信号通过采样、量化和编码转化成数字信号。

①采样：就是每隔一个时间间隔就在声音波形上读取一次声音信号的幅度值。采样的时间间隔称为采样周期，每秒钟所读取的幅度值样本次数称为采样

频率，采样得到的声音信号在时间上是离散的。

②量化：虽然采样后得到的声音信号在时间上不连续，但其幅度仍然是连续的，只能将无穷多个幅度值用有限个数字表示，即把某一范围内的幅度值用一个数字表示，这一过程称为量化。

③编码：就是将量化后的离散值用二进制编码进行表示。

4. 图像信息编码

为了让计算机能够处理图像，类似于声音信号数字化，也需要将连续图像转换成数字图像，并且也要经过采样、量化和编码3个过程。

①采样：图像采样是将二维空间上连续的图像分割成M×N个相等的间隔，从而形成M×N个离散的小方形区域，这些小方形区域称为像素。

②量化：类似于声音信号数字化的量化过程，由于图像采样后得到的亮度值（或灰度值）在取值空间上仍然是连续值，就需要将亮度值（或灰度值）的范围分为有限个区域，将落入某区域的所有采样值都用同一值表示，从而实现用有限的离散值来代表无限的连续值的一一映射关系。

③编码：将图像量化后的离散整数值用二进制编码进行表示。

5. 视频信息编码

要让计算机处理视频信息，也需要将模拟视频信号转换成计算机可以处理的数字信号，其转换过程相对比较复杂，一般是以每帧彩色画面为单位，先将复合视频信号中的亮度和色度分离，得到亮度（Y）和色差（U、V）三个分量，然后采用分量数字化方式，分别利用三个模/数转换器对三个分量分别进行采样、量化并编码，离散得到数字视频信息。

第二节 计算机网络与计算机组成系统

一、计算机网络的定义

计算机网络是利用通信线路和通信设备，把地理上分散并且具有独立功能的多个计算机或其他通信设备互相连接，共同遵循相同的网络协议，并在相关网络管理软件的控制下进行数据通信，从而实现相互之间资源共享和数据通信的计算机系统集合。

在计算机网络发展早期，作为网络终端的只能是计算机及其外部设备，但是随着硬件的发展，新的网络终端不断出现，如平板电脑（PAD）、手机等。另外，物联网的发展让许多家用电器都可以作为网络终端，这些终端在网络中发送与接收数据的作用是一样的。

现代计算机网络所具有的基本特征是：①参与联网的计算机及其他通信设备都是一个自治系统，可以不依赖网络而独立运行。②网络通信需要在相关网络管理软件的控制下进行。③建立计算机网络的主要目的是实现计算机之间资源的共享。④网络通信设备必须遵守相同的协议。

二、计算机网络的组成

从不同的分析角度来看，计算机网络的组成元素是不一样的。主流的观点认为应从网络传输数据的功能系统构成分析，把计算机网络分成通信子网和资源子网两个部分；也可以从计算机网络中的信息系统构成角度分析，将计算机网络分成网络硬件和网络软件两个部分。

（一）网络传输系统的结构组成

网络本质上的作用就是在终端之间实现准确的数据传输，计算机网络应该能够实现数据处理与数据通信两大基本功能，所以，可将网络的应用与通信功能在逻辑上分离成两个部分，这两个部分就是通信子网与资源子网。

1. 通信子网

通信子网是网络中数据通信部分的资源集合，承担着全网的数据传输、加工和变换等通信处理工作，主要由各种网络设备、通信介质及各种通信软件组成。需要注意的是，多数终端的网卡（含有线和无线两种）一般安装在网络终端内部，但它也属于通信子网，终端中其余的设备属于资源子网。电信服务商的网络（如X.25网、DDN网、中继网等）一般属于通信子网。简言之，通信子网中的组成元素与具体的应用无关。

2. 资源子网

资源子网是网络中数据处理和数据存储的资源集合，负责数据处理和为用户提供网络资源。它由拥有资源的用户主机、终端、外设和各种软件资源组成。

（二）网络信息处理系统的结构组成

网络信息处理系统包括网络硬件和网络软件两大部分。网络中的各种物理设备属于网络硬件，各类网络管理软件、网络协议及由各类协议组成的网络体系均属于网络软件。组成计算机网络的四大要素为计算机系统、通信线路与通信设备、网络协议和网络软件。

1. 计算机系统

它是网络连接的对象，负责数据信息的收集、处理、存储以及提供共享资源。计算机系统可分为网络服务器与网络终端两大类。网络服务器一般是一台高性能的计算机，为网络中各种网络终端提供网络资源和管理网络的功能。网络终端主要有普通计算机、平板电脑、手机及各种物联网终端等，是用户获取网络资源的工具。

2. 通信线路与通信设备

用于连接各类终端的通信线路和设备，也就是在通信终端之间建立的一条物理通路。

3. 网络协议

任何网络参与方必须遵守的约定和通信规则。

4. 网络软件

网络软件是用于控制、管理和使用网络的计算机软件，依据不同的功能可分为：①网络操作系统，是负责管理和调度网络上所有硬件和软件资源的程序。②网络管理和配置软件，对网络中的各个设备进行配置和通信管理，保证通信数据的正常传输，如交换机、路由器的配置等。③网络协议软件，是实现各种网络协议的软件。④网络应用软件，是基于计算机网络应用而开发并为网络用户解决实际问题的软件，如远程教学系统、销售管理系统、Internet 信息服务软件等。

三、计算机网络的分类

（一）按网络的覆盖范围分类

计算机网络按照其覆盖的地理范围进行分类，可以很好地反映不同类型网络的技术特征，这是计算机网络分类中最常见的一种方法，使用这种方法划分，计算机网络可以分为三类。

1. 局域网

局域网（Local Area Network，LAN）是指通常距离不超过 1 千米的计算机组成的网络，最大覆盖范围不超过 5 千米。一般由一个单位或几个单位的计算机连成的网络都属于局域网。由于覆盖范围小，中间节点（也称结点）少，因此数据传输速率快，现在局域网的数据传输速率一般大于 10Mbps，如果设备与介质条件允许，很容易建成百兆、千兆局域网。由于局域网一般是单位的内部通信，受到的环境干扰较小，因此出现传输错误的概率较小（误码率低）。局域网还具有组建方便、使用灵活等优点。

2. 城域网

城域网（Metropolitan Area Network，MAN）通常是指地理上覆盖范围在 5 千米至 10 千米左右的计算机组成的网络。一般而言，在一个城市内建立的计算机通信网都属于城域网。城域网由于范围还不算太大，在建设方面大多数采用了局域网的技术，因此也有较快的数据传输速率。为了规范城域网的建设，电气和电子工程师协会（Institute of Electrical and Electronics Engineers, IEEE）还针对城域网制定了一个技术规范 IEEE 802.6。城域网的干路上采用光纤作为传输介质，干路传输速率在 100Mbps 以上。IEEE 802.6 技术规范没有明确定义城域网的地理覆盖范围，多数观点认为在 50 公里左右的范围内，只要符合 IEEE 802.6 技术规范都是城域网。

城域网是一个城市内的企业、机关等不同单位局域网的高速互联，并能实现大量用户同时进行多媒体数据的传输。

3. 广域网

传输范围在几十千米以上的网络均称为广域网（Wide Area Network, WAN），它是几个城市或国家间计算机连成的网络。广域网覆盖范围广，通信的距离远，在两个终端间通信时通过的中间节点较多，因此，通信速率要比局域网低得多，传输误码率相对较高。

加入广域网的终端和网络设备比较多，它们通过各种不同的通信线连接，相互交织成一个网状结构。要保证通信的正常、准确运行，广域网需投入的基础建设成本高，运营管理费用也比较大。

（二）按网络的传输技术分类

计算机网络本质上就是实现终端之间的数据传输，依据一个终端向网络中其他终端发送数据的方式划分，可以分为以下两种类别。

1. 广播式网络

在广播式网络中，所有联网的计算机都共享一个公共传输信道。某一台计算机利用公共信道发送数据时，会将需发送的数据与目的终端的地址打包一起发送到这个公共信道，这时在公共信道的所有计算机都会收到这个数据。由于发送的数据中带有目的地址，计算机收到数据后会判断其中的目的地址，如果是自己的数据则接收，如果不是则直接丢弃该数据。

2. 点对点式网络

在点对点网络中，两个网络终端之间会建立一条两者专用的物理线路或逻辑链路，专门用于两者的数据通信。两台计算机之间不一定是用传输介质直接相连的，可能会经过一些中间节点，但在某一个工作时段内该条链路是供这两个终端专用的，这种传输方式的数据传输速率高，实时性强，但是路线使用效率低，不利于线路的统筹使用。

（三）按网络中计算机所处的地位分类

虽然计算机网络可以实现多终端之间的数据通信，但是从通信过程来看实际就是从一个终端向另一个终端传输数据。按照通信双方所处的不同地位，或者说不同的网络工作模式划分，计算机网络又可以分为以下两种类别。

1. 对等网络

对等网络是指在计算机网络中，倘若每台计算机的地位平等，都可以平等地使用其他计算机内部的资源，每台计算机磁盘上的空间和文件都成为公共资源。由于对等网络中计算机平等拥有资源发送与接收的权力，产生网络传输线路的互相争用的问题，这种方式将会导致网络传输速度变慢。但对等网络对总体网络系统的要求非常小，因此适合小型的、任务轻的局域网，例如在普通办公室、家庭等场所使用。

2. 客户机/服务器模式

如果网络所连接的计算机很多，且共享资源也较多时，用对等网络就会造成网络拥堵，这时就要用一台高性能的计算机来存储和管理需要共享的资源，这台计算机称为文件服务器，其他的计算机称为客户机。用户需要资源时一般不会向客户机请求共享，共享资源通常存放在文件服务器上，用户通过连接服务器访问这些资源。网络中有一台或多台服务器，用户则操作客户机，在需要使用相应资源时，通过网络访问服务器来获取，这种网络工作模式称为客户机/服务器模式（Client/Server）。

通常情况下，在城域网、广域网中采用客户机/服务器网络，局域网则采用客户机/服务器网络与对等网络相结合的工作模式。

（四）其他分类方式

1. 按使用的传输介质分类

传输介质是指数据传输系统中发送装置和接收装置间的物理媒体，按其物理形态可以划分为有线和无线两大类。

2. 按网络的拓扑结构分类

计算机网络的物理连接形式称为网络的物理拓扑结构。计算机网络中常用的拓扑结构有总线结构、星状、环状、树状、网状结构等。

3. 按网络操作系统分类

根据网络所使用的操作系统，可以分为 NetWare 网、UNIX 网、Windows 网等。

4. 按通信协议分类

按通信协议分类，可以分为采用 CSMA/CD 协议的共享介质以太网、交换式以太网，采用令牌环协议的令牌网，采用 X.25 协议的分组交换网等。

5. 按网络的使用对象分类

按网络的使用对象分类，可以分为公用网（由政府电信部门组建，如公共电话交换网 PSTN、数字数据网 DDN、综合业务数字网 ISDN、帧中继 FR

等)、专用网（由单位组建，不允许其他单位使用)。

6. 按计算机网络的交换方式分类

根据计算机网络的交换方式，可以将计算机网络分为电路交换网、报文交换网和分组交换网 3 种类型。

四、计算机网络的功能

计算机网络的应用很广，网络功能也很强大，其主要功能可以总结为如下几项。

（一）资源共享功能

计算机网络中的资源是指网络中所用的软件、硬件和数据资源。共享是用户可以利用通信线路共同使用网络中部分或全部的资源。可以共享的资源包括网络中的软件、硬件和数据。资源共享是计算机网络最主要和最有吸引力的功能。

①硬件资源：主要是网络中计算机的硬件系统如 CPU、硬盘、打印机等。例如：可以利用网络实现多台计算机中央处理器来共同处理同一个任务，网络中的用户共享打印机、硬盘空间等。

②软件资源：主要指可用于网络共享使用的软件，从远程计算机中调入本地执行各类软件。例如：本地计算机从安装在云服务器上的操作系统远程启动本地计算机，或者在网络中共享使用一些应用软件。

③数据资源：用户使用的网络中数据库服务器的数据，远程数据查询与远程数据获取是网络被广泛使用的一个功能。

需要注意的是，在计算机的组成中，数据与程序都属于软件，人们习惯将网络资源共享中程序（含手机 App）的共享称为软件资源共享，而将数据资源共享单独列为一种共享资源。

（二）数据通信功能

数据通信是计算机网络最基本的功能，也是实现其他功能的基础。它用于实现不同地理位置的计算机与终端、计算机与计算机之间的数据传输。从本质上说网络应用都是通过网络的数据通信功能实现的。

（三）分布式处理功能

当计算机遇到需要大量运算的复杂问题时，用一台计算机处理可能速度慢且效率不高，这时就可以采用合适的算法，将计算任务分散到网络内不同的计算机上进行分布式处理，从而减少解决问题的时间，提高处理能力。这种利用网络技术将计算机连成高性能分布式系统，以此来扩展计算机的处理能力，提高计算机解决复杂问题的方式，成为计算机网络的一项重要功能。

(四）提高系统的可靠性和可用性

在计算机网络中，当网络内的某一部分（通信线路或计算机等）发生故障时，可利用其他的路径来完成数据传输，或者将数据转至其他系统内代为处理，从而保证用户的正常操作。例如，银行系统利用网络可以实现数据库服务器的异地备份，当一个地方即使发生自然灾害等状况造成数据库服务器破坏时，仍然可调用另一地方的备份数据库服务器中的数据继续工作，不会因此造成数据丢失，从而提高计算机系统的可靠性和可用性。

（五）集中管理功能

对于那些地理上分散而事务需要集中管理的组织、企业，可通过计算机网络来实现集中管理，例如银行业务处理系统、证券交易系统等。

（六）综合信息服务功能

现代网络的发展使其功能趋于多样化、多维化，即网络将用户的信息集成后为其提供综合服务。这些服务包括来自政治、经济、生活等各方面的资源，网络同时还将这些信息加工成用户容易接受的多媒体方式提供给他们。

计算机网络中最主要的网络功能是资源共享和数据通信。当然，随着计算机技术的不断发展，将会出现更多的计算机网络的功能。

五、计算机组成系统

（一）现代计算机系统组成

现代计算机是一个复杂的系统。一个完整的现代计算机系统是由硬件系统和软件系统两大部分组成的。

1. 硬件系统

计算机硬件系统是指组成一台计算机的各种物理装置，包括计算机的基本部件和各种具有实体的计算机相关设备，比如人们常见的主板、芯片、外部设备等。硬件系统是计算机进行工作的物质基础。

2. 软件系统

计算机软件系统是指在硬件设备上运行的各种程序、数据以及有关资料等，包括操作系统、语言处理系统、数据库系统以及各种应用程序包等。

（二）计算机基本工作原理

在计算机的 5 个基本部件中，每一部件按要求执行特定的基本功能，其中：

①运算器（Arithmetic Logic Unit，ALU），也称算术逻辑单元，是计算机的核心部件，其主要功能是进行算术运算和逻辑运算。算术运算就是指加、减、乘、除运算，而逻辑运算就是指"比较""与""或""非"等操作。

②控制器，是计算机的"神经中枢"，用于分析程序中的各条指令，并根据指令要求控制计算机各部件协同工作。控制器确保了程序的正确执行和运行过程的自动化。

③存储器，是计算机的记忆存储部件，用于存储控制计算机工作的程序（指令序列）和数据（包括原始数据、中间结果和最终结果）。

④输入设备，用于输入程序和数据。

⑤输出设备，用于输出计算结果，即实现显示或者打印。计算机的基本工作过程：第一，由程序设计者根据实际问题需求，编写出由一系列指令有序集合而成的程序；第二，程序通过输入设备送到存储器保存起来；第三，计算机工作时，将程序中的首条指令从存储器取到控制器进行分析；第四，控制器按照首条指令需要完成的操作，自动发出各种控制信号，控制各部件协同工作，完成首条指令的功能；第五，当首条指令执行完就自动进入下一条指令的执行操作，从而按照程序规定的步骤有条不紊地执行每条指令，直到遇到结束指令。

综上所述，结构计算机的基本工作原理是"存储程序、程序控制"。

计算机工作时，有两种信息在流动，一种是数据信息，是原始数据、中间结果、结果数据、程序中的指令等，这些信息从存储器读入运算器进行运算，计算结果再存入存储器或者送到输出设备；另一种是指令控制信息，是由控制器对指令进行分析后，向各部件发出控制信息，指挥控制各部件协同工作。

（三）微型计算机硬件系统

微型计算机（简称微机）是应用最普及、最广泛的计算机，作为计算机的一类，微型计算机的硬件系统划分方法与其他类型的计算机有所区别。在微型计算机硬件系统中，将 CPU 和内存储器合称为主机，外部设备则包含外存储器、输入设备和输出设备，且外部设备是通过主板上的接口，采用专用总线实现连接的。

1. 中央处理器

中央处理器（Central Processing Unit，CPU），主要由运算器和控制器组成，是整个计算机系统的运算核心和控制核心。CPU 被集成在一块超大规模集成电路芯片上，插在主板的 CPU 插槽中。CPU 的性能指标直接决定着一个计算机系统的档次，其中最重要的指标是字长和主频。字长是指 CPU 每次能处理的最大二进制数长度，如目前大多使用的 64 位处理器或 32 位处理器，以及早期的 8 位、16 位处理器。主频是指 CPU 工作时的时钟频率，主频越高，CPU 的运算速度就越快。主频的单位是 MHz（或 GHz），目前高性能 CPU 的主频已达到 GHz 量级。

2. 存储器

存储器的主要功能是保存程序和数据，存储器中含有大量存储单元，一个存储单元由多个二进制位组成，每个二进制位的值为"0"或"1"，二进制位是计算机中存储数据的最小单位；通常一个存储单元由8个二进制位组成，称为1个字节（byte），通常用"B"表示。字节是计算机存储容量的基本单位，表示存储器容量的常用单位还有KB（千字节）、MB（兆字节）、GB（吉字节）、TB（太字节）等，它们的关系是：1KB＝1024B，1MB＝1024KB，1GB＝1024MB，1TB＝1024GB 存储器分为内存储器（简称内存）和外存储器（简称外存）。

（1）内存储器

内存直接与 CPU 交换信息，又称为主存。通常将 CPU 和内存合称为主机。内存一般由半导体存储器构成，其存取速度快，价格较贵，因而容量相对小一些。内存按功能分为只读存储器、随机读写存储器和高速缓冲存储器3种。

①只读存储器（Read Only Memory，ROM）内的信息一旦被写入就固定不变，信息只能从 ROM 中读出而不能写入，且即使关闭计算机（断电），ROM 中的信息也不会丢失，因此 ROM 常保存一些重要且要求长久不变、常用的信息，如用于计算机自检、诊断或监控等程序。

②随机读写存储器（Random Access Memory，RAM）允许根据需要随机地将信息写入其中或从中读取信息，因此用于存放 CPU 正在处理、即将处理或处理后的信息，是 CPU 可以直接读/写的存储器。值得注意的是，一旦断电，RAM 中的信息就丢失，因此在关闭程序前要将 RAM 上的处理结果保存在外存储器中，否则将可能引起处理结果的丢失。RAM 的容量越大，计算机的性能越好，目前常用 RAM 容量为 4GB、8GB 或 16GB。

③高速缓冲存储器是用于弥补 CPU 的高速度和 RAM 的运行速度之间存在一个数量级差距而专门设置的一种高速缓冲存储器。Cache 的运行速度高于 RAM，但容量较小。Cache 中的信息是 RAM 的常用副本，当 CPU 需要读取信息时先检查 Cache 中是否有，若有就从 Cache 中读取，否则从 RAM 中读取，从而充分发挥了 CPU 高速度的潜能。

（2）外存储器

外存也称辅助存储器，用于存储暂时不用的信息。由于外存在主机外部，因此属于计算机外部设备。外存的特性有：①外存存取信息的速度比内存慢，但外存容量一般都比较大，而且可以移动，有利于不同计算机之间进行信息交流；②外存不受停电所限，其中的信息可保存数年之久；③通常外存只与内存交换信息，且是以成批数据的方式进行交换的。

目前，常用的外存有硬盘、光盘以及体积小便于移动携带的 USB 闪速存储器（简称 U 盘）。

3. 主板

主板又称系统板或母板，上面配备内存插槽、CPU 插槽、各种扩展槽和外部设备（硬盘、键盘、鼠标、USB 等）接口，特别是现在也将其他设备的适配卡集成在上面，如集成声卡、显卡、网卡和内置调制解调器等。主板不仅是整个计算机系统平台的载体，也是系统中各种信息交流的中心。可以说，整个计算机系统的类型和档次是由主板的类型和档次决定的，主板的性能高低影响着整个计算机系统的性能。在选择主板时需要考虑的是主板支持 CPU 的类型和频率范围、所支持的内存、BIOS 芯片和版本。

4. 总线与接口

（1）总线

总线（bus）是计算机各功能部件之间传送信息的公共通信线，主机的各部件通过总线相连接，外部设备通过相应的接口再与总线相连接，因此总线是计算机中连接各部件的"高速公路"。总线按照所传送的信息类型，可分为数据总线、地址总线和控制总线。

①数据总线（Data Bus，DB）：用于在 CPU 与随机读写存储器 RAM 之间双向传送需要处理、存储的数据。

②地址总线（Address Bus，AB）：用于 CPU 向存储器、输入/输出接口设备传送地址信息。

③控制总线（Control Bus，CB）：用于传送计算机各部件之间的控制信息，包括 CPU 对内存和输入/输出接口的读写信号、输入/输出接口对 CPU 发出的中断申请信号、CPU 对输入/输出接口的应答信号等。

（2）接口

输入/输出（input/output，I/O）接口是主机与输入/输出设备交换信息的通道，连接输入设备的接口称为输入接口，连接输出设备的接口称为输出接口，I/O 接口用于解决高速的主机与低速的外部设备之间速度匹配问题。由于外部设备种类繁多、物理性能相差大和数据交换方式不同，主板上往往配置不同的 I/O 接口，常见的有显示器接口、键盘接口、串行口 COM1、COM2（连接鼠标），并行口 LPT1、LPT2（连接打印机）以及 USB 接口等。

5. 常用输入/输出设备

输入设备用于将用户输入的原始数据和程序等信息转换为计算机能够识别的二进制形式，并输送到计算机中。常用的输入设备有键盘、鼠标、扫描仪、触摸屏等,其中键盘是计算机最常用的输入设备,它用于向计算机输入字符等信息。

输出设备用于将计算机中已处理的结果转换成人们易于接受的形式并输出。常用的输出设备有显示器、打印机、绘图仪等,其中显示器是计算机必不可少的输出设备,它将计算机中的文字、图片、视频等信息转换成人们肉眼可以识别的形式显示出来。

(四)计算机软件系统

通常将不安装任何软件的计算机称为"裸机",用户是无法直接使用裸机的。一台性能优良的计算机,不但取决于其硬件系统的性能指标,还与所配置的软件系统是否完善丰富有关。计算机软件系统是指计算机运行所需要的各种程序、数据和所有文档资料的集合。程序是指为实现预期任务计算机所执行的一系列有序指令的集合;而文档是为了便于了解程序所需要的阐述性资料(如安装使用手册、功能介绍等)。计算机软件系统按用途可分为系统软件和应用软件。

1. 系统软件

系统软件是指控制和协调计算机及外部设备,支持应用软件开发和运行的软件,其主要功能是监控、调度和维护计算机系统,并负责管理计算机系统中的各个独立硬件,使这些硬件可以协调工作。系统软件是软件运行的基础,所有应用软件都是在系统软件上运行的,用户可以使用系统软件,但不能随意修改它。系统软件主要包括操作系统、语言处理程序、数据库管理系统和系统辅助处理程序等。

(1)语言处理程序

语言处理程序是为用户设计的编程服务软件,其主要功能是将用户输入的源程序转换为能被计算机识别和运行的目标程序。人们可以使用计算机语言(包括机器语言、汇编语言和高级语言)编写源程序,但计算机只能识别和运行机器语言程序,因此要在计算机上运行汇编语言程序或者高级语言程序,就必须配备语言处理程序。不同的计算机语言都有相应的翻译程序。

(2)数据库管理系统

数据库管理系统(Database Management system,DBMS)是一种对数据库进行操作和管理的大型软件集合。数据库管理系统位于用户和操作系统之间,其主要功能包括:建立数据库,对数据库中的数据进行编辑;对数据库中的数据进行快速有效的查询、检索和管理;提供友好的交互式输入/输出功能;方便、高效地使用数据库编程语言;提供数据独立性、完整性、安全性的保障。

2. 应用软件

应用软件是指为解决各种实际问题而编制的、具有特定功能的软件。应用软件能够帮助用户完成特定的任务，且种类繁多。

（五）操作系统

1. 操作系统含义

操作系统是计算机运行时必不可少的一种系统软件，用来管理计算机的硬件和软件资源，提供各种人机交互界面，控制程序执行，合理组织计算机工作流程。它直接运行在裸机上，是对计算机硬件系统的第一次扩充，为用户使用计算机提供良好运行环境的程序的集合。

2. 操作系统的基本功能

操作系统作为整个计算机系统的控制管理核心，它的主要功能就是对系统的所有软硬件资源进行合理有效的控制管理，提高计算机系统的整体性能。操作系统的基本功能有 5 部分：处理器管理、存储管理、设备管理、文件管理和作业管理。

（1）处理器管理

处理器管理也称为进程管理，主要体现在调度和管理进程的所有活动，解决处理器（CPU）的分配问题。当有多个程序申请处理器时，操作系统选择调度哪个程序并占用处理器，其中包括在该程序运行之前要为其分配如内存空间、外部设备等一切必需的资源，在该程序运行过程中要控制其运行状态，以及程序之间的同步通信等操作。

（2）存储器管理

存储器管理主要是对内存储器（内存）资源的管理，计算机需要处理的数据和程序存放在外存储器（如硬盘、光盘等）中，在使用时才调入内存中供处理器（CPU）处理，因此操作系统就要为程序和数据在内存中分配不同的存储区，避免发生冲突并提供保护作用。另外，根据实际需要还利用覆盖、变换或虚拟等技术进行内存扩充。能否合理、有效地管理好存储器这一资源，将直接影响整个计算机系统的效率。

（3）设备管理

设备管理负责对接入本计算机系统的所有外部设备进行有效管理，其主要任务是分配、回收外部设备和控制设备的运行，包括处理外部设备的中断请求、快速处理器（CPU）和慢速外部设备的缓冲管理等，提高 CPU 和设备的利用率。

（4）文件管理

文件管理也称为信息管理，操作系统对所有的数据信息资源都是以文件的形式进行管理的,其主要任务是支持文件的建立、存储、删除、检索、调用和修改等操作,解决文件的共享和保护保密等问题,并为用户提供方便操作文件的友好界面,使用户能快速实现对文件的按名存取。

(5) 作业管理

作业管理是为用户能够方便地运行自己的作业提供友好界面,包括对进入计算机系统的所有用户作业进行作业的组织、调度和运行控制等操作。所谓作业是指一次解题过程中或者一个事务处理过程中要求计算机系统所要完成的工作集合,包括要执行的程序模块和需要处理的数据。

第二章　数据通信与计算机控制技术

第一节　数据通信

一、数据通信的基本概念

（一）信息和数据

信息是人脑对客观事物特征的反映，也是人与人之间交流时对客观事物的描述方式。信息可以是语音、图像、文字等各种形式，在网络中要传输的内容就是信息。

数据是承载信息的实体，是描述事物特征的数字、符号或编码。信息总是要以某种形式进行传输或存储，这种形式具体的体现形式就是数据。例如某学校需要招聘教师，则需要了解所有应聘人员的姓名、性别、年龄、学历、工作简历、教学视频等相关情况，以此判定应聘者是否胜任本校的教学工作，这些内容就是招聘单位所需要掌握的应聘人员完整信息。显然，信息都是以文字、数字、视频等具体数据体现出来，这就是信息与数据之间的关系。在计算机网络中，任何数据都可以转换为二进制数字或编码进行存储、处理和传输。

数据又可以分为模拟数据和数字数据两种类型。模拟数据是在某个区间内连续变化的值，例如声音、视频、气象情况等，这些数据在数学上需要用连续变化的波形来表示。数字数据是在某个区间内离散的值，例如年龄、身高、学习成绩、姓名、性别等文字都属于数字数据。在计算机中年龄、身高、学习成绩等数值型的数据可以直接用二进制数字表示，姓名、性别等文字型的数据用数字编码表示，而声音、视频、气象情况等就只能用模拟数据方式来表示了。在计算机中为了完整、准确地记录传输模拟数据，就要通过相应的技术将模拟数据转换为数字数据进行存储、传输，但是二进制的数字数据是离散的，人可以感知的声音、视频、气象情况等数据只能是连续的模拟数据，所以有必要将这些数字数据再转换为模拟数据。

（二）信号

信号是数据在传输过程中的物理表现形式，抽象数据要转换为具体的电信号、光信号或者磁场强度等物理量才能在网络上传输，信号是以其物理特性参数的变化来代表数据的。与数据的分类方式一样，信号可以分为模拟信号和数据信号。

模拟信号是指可以用于携带数据传输并且连续变化的物理量，实际应用中常用电磁波来表示这个物理量，它的取值可以有无限多个，是某些物理量的测量结果。模拟信号波形随着信息的变化而变化。如电话线上传递的语音信号就是利用电信号不同的频率和振幅来表示声音的音量和音调，并在传输媒体上传输。

数字信号是指利用某一瞬间的状态来表示数据，是一系列离散的脉冲序列。它可用恒定的正电压和负电压（或者高、低电平）表示二进制的 0 和 1。数字数据可以直接用数字信号来表示并传输。

由于二进制的数字数据有技术上容易实现、运算简单准确等优点，所以计算机内部采用二进制的数字数据信息处理，即使音频、视频等模拟数据都要用技术手段转换成数字数据以便计算机存储、处理。

在数据传输时，由于容易受到干扰和信号衰减的限制，单纯的数字信号不适合以电信号方式在通信线路上进行远距离传输，要将数字数据加载到模拟信号上或进行数据信号的编码才能实现远距离传输。

综上所述，计算机实现网络化的主要目的是进行计算机之间的信息交换，信息的载体可以是数字、文字、语音、图形和图像等，在计算机中用二进制数或二进制编码来表示这些信息，这些二进制数或代码就称之为数据。在计算机网络中实现计算机之间的数据传输，需要把数据转换为电信号或光信号，即在计算机网络中的数据传输是通过各种信号传递来实现的。

二、数据通信系统的基本结构

为完成各个终端及设备之间数据通信的任务，需借助由信息处理设备和通信设备组成的数据传输系统，称为通信系统。在网络中信息的传递都是通过通信系统来实现的。

传统的公共电话网传输的是携带语音信号的模拟电信号，模拟信号可以实现远距离的传输，这样借助电话网就可以使远距离的计算机之间实现通信。计算机网络若想借助公共电话网进行数据传输，要将发送端计算机中的数字数据加载到电话网上的电信号上，这个信号通过电话网传到接收端后，接收端设备会将加载在电信号的数字数据分解出来并提供给接收计算机存储处理。以上就是基于公共电话网的数据通信系统的工作原理，其正常运转的关键是要有一个设备，能将数字数据在发送端加载到语音电信号上，并且在接收端将已加载的信号中分解出数字数据，这个设备就是调制解调器。

调制解调器的基本工作原理：当发送端的计算机需要发送数据时，便将需要发送的数字数据发送给调制解调器，数字数据在调制解调器中被加载到模拟信号上，这一加载过程称为调制。这种加载了数字数据的模拟信号可以在公共电话网上传输，当模拟信号到达接收端时，接收端也有一个调制解调器，可以将数字数据从模拟信号中分解出来交由接收的计算机处理，这种将数字数据分解出来的过程称为解调。虽然调制与解调的工作过程不一样，但是调制解调器能同时实现调制与解调两个功能。

当前，网络通信系统虽然大多数已经不再基于公共电话网，距离较远的计算机网络一般采用光纤进行数据通信，由于光纤通信线路抗干扰力强，信号衰减极小。但是，数字数据要经过编码并变换为可以加载在光波上传输的数据信号后，才能在光纤中传输。

（一）数据通信系统的抽象模型

抽象通信系统模型的主要组成部分如下。

1. 信源和信宿

信源指的是信息的发送者，信宿指的是信息的接收者。在计算机网络中，信源和信宿是计算机或其他通信设备（如手机等）。

2. 发送器和接收器

发送器将信源发出的信息变换成适合在信道上传输的信号。对应不同的信源和信道，发送器有着不同的结构和信号变换方式。接收器提供与发送器相反的功能，就是将从信道上接收的电（或光）信号变换成信宿可以接收并处理的数据。调制解调器及光纤通信中的光电转换器都兼具发送器和接收器的功能。

3. 信道

信道指传输信号的通路，即数据通信中某一路信号的传输通路，它由传输介质和相关设备组成，公共电话网、光纤及配合其工作的相关设备所建立的数据传输通路就是一个通信信道。

按通信线路的传输介质分类，可以将信道分为：①有线信道，指通信线路使用有线介质的信道，如公共电话网、光纤等建立的信道属于有线信道。②无线信道，指通信线路使用无线介质的信道，如无线电波、红外线、激光都可以建立无线信道。

按传输信号形式分类，可以将信道分为：①模拟信道，指传输信号为模拟信号的信道，通过公共电话网、有线电视网等建立的信道是模拟信道。②数字信道，指传输信号为数字信号的信道，光纤、双绞线等建立的用于传输网络数据的信道属于数字信道。

按信道的存在形式分类，可以将信道分为：①物理信道，一般是指依托物理媒介传输信息的通道，比如电话线、光纤、同轴电缆、微波等建立的实际存在的信道。②逻辑信道，是在一条共享的物理信道中，实质上形成了逻辑上的多条子信道。逻辑信道一般建立在物理信道上，包括传输介质和通信设备，同一传输介质通过技术手段划分可提供多条逻辑信道，一条逻辑信道只允许一路信号通过。

4. 噪声源

信道在传输信号过程中会受到各种形式的干扰，这些被加载到正常通信信号上的干扰信号称为噪声。通信系统中不能忽略噪声的影响，通信过程的任何一个环节都可能产生噪声，产生噪声的原因很多，包括发送或接收信息的周围环境、各种设备的电子器件电特性、信道外部的电磁场干扰、闪电、摩擦静电等都可能成为噪声源。噪声信号会叠加在正常通信信号上由接收端一并接收，接收端接收到含有噪声信号的通信信号后，需要使用技术手段将噪声信号识别并过滤。信噪比会直接影响数据传输的准确性与速率，特别是模拟信道信噪比越小，信号速率就越慢。

以上信号的传输过程还可以简化为"信源→通信信道（或传输介质）→信宿"，因此通信系统理论中将信源、通信信道、信宿称为通信系统的三要素。

（二）数据通信系统的硬件构成

一个完整的数据通信系统主要由中央计算机系统、数据终端设备、数据通信电路三部分构成。

中央计算机系统由通信控制器（或前置处理机）、主机及其外围设备组成，具有处理从数据终端设备获得的数据信息，并将处理结果向相应的数据终端设备输出的功能。

数据终端设备（DTE）包含数据输入设备（产生数据的数据源）、数据输出设备（接收数据的数据宿）和传输控制器等通信设备。

数据通信电路由传输线路及与其相连的数据通信设备（DCE）组成。传输线路即前文所述的传输信道，如果利用公共电话网，一条模拟传输信道加上调制解调器就构成了一条数据通信电路，调制解调器是模拟信道上的数据通信设备。如果在数据通信电路上直接传输的是数字信号，就不需要调制解调器，但仍然需要相应的接口设备，用来实现信号码型和电平的变换以及线路特性的均衡等功能，以便数字数据在通信线路上的有效传输，因此一条数字传输信道加上这样的接口设备构成了一条数据通信电路，这一接口设备就是数字信道上的数据通信设备，通常又把这种接口设备称作数据服务单元。

三、数据的传输方式

为了数据在信道上能够准确、高速地传输，要根据实际情况选择各种不同的传输方式。

（一）并行传输和串行传输

根据组成字符的各个二进制位是否同时传输，字符编码在信源/信宿之间的传输分为并行传输和串行传输两种方式。

1. 并行传输

并行传输是指如果一个完整的数据信息单元含有多个数据位，那么这几个数据位将一次性同时由发送端发送到接收端。一个标准的 ASCII 字符由 8 位二进制数组成，因此一次需要 8 位的二进制数字；另外，为了方便接收端验证所接收的数据是正确的，在发送数据信号的同时还要附加一位数据校验位，因此同时要发送 9 位的二进制信息。由于接收端是同时接收到这些数据的，数据是完整的，所以不需要做任何变换即可直接使用。并行传输最常见的应用就是计算机内的总线结构系统。这种方法的特点是传输速度快，通信成本高，每位传输要求一个单独的物理信道支持，主要用于近距离通信。由于并行的信道之间经常会因电容感应而加入干扰信号，并且各信号必须同一时刻到达接收端，在远距离传输中如果采用并行传输方式，可靠性较低，对设备的精度要求高，所以计算机网络的数据传输如果使用并行传输方式成本较大。

2. 串行传输

网络数据传输常用的方式是串行传输，当数据在进行串行传输时，是一位一位地在通信线上传输的，先由计算机内的发送端设备将几位总线的并行数据经并/串转换硬件转换成串行方式，再逐位经传输线到达接收端的设备，并在接收端将数据从串行方式重新转换成并行方式后，供接收端计算机使用。串行传输避免了并行传输中线路干扰、信号通信成本高等缺点，但是也存在速度慢、需进行串并转换等缺点。这种通信方式适合长距离也就是网络中的信号传输。

（二）串行传输中的同步技术

当发送端与接收端之间采用串行通信时，通信双方交换数据需要高度的协同动作，彼此间传输数据的速率、每个比特的持续时间和间隔都必须相同，这就是同步问题。所谓同步，是指接收端按照发送端发送的每个信号的重复频率及起止时间来接收数据。因为接收端收到的是"0"或"1"的二进制数据（还有一些是干扰脉冲），如果不进行同步，收发之间会产生数据传输误差，即便是很小的误差，随着信号的不断发送逐步累积，就会造成传输的数据错误。因此，同步是数据通信中必须解决的重要问题，解决不好会导致通信质量下降甚至无法正常进行数据传输。

串行传输中根据同步方式不同，可以分为同步传输和异步传输。

1. 同步传输

在数据传输中最小的传输单位是比特，同步传输方式能够实现位同步。位同步是指接收端和发送端的二进制位信号在时间基准上保持一致，保证接收端接收到的每一位都与发送端的每一位保持一致，从而将发送端发送的每一个比特都正确地接收。在同步传输时，传输的对象不能只是一位的数据，而要把数据组成一个数据块一次性进行传输。为使接收方能判定数据块的开始和结束，必须在每个数据块的开始和结束处加上特殊的同步标志，这样的数据块称之为"帧"，数据组成帧后在信道中传输，所以同步传输要实现的是帧同步。如果数据块由字符组成，则以一个或多个同步字符 SYN 作为同步标志，即采用面向字符的方案；如果数据块是由位组成的位串，则以特殊模式的位组合（如 011110）作为同步标志，即采用面向位的同步方案。

面向字符的同步传输方式能够将字符成组连续地传送。在一组字符之前加入同步字符 SYN，这一控制字符与传输的其他任何字符一般会有明显的区别，表示一组字符的开始，同步字符之后可以连续发送任意多个字符。

同步传输的工作过程是：发送前，收发双方先约定同步字符的个数，以便实现接收与发送的同步，接收端一检测到同步字符 SYN，即可按双方约定的时钟频率接收数据，并以约定的算法进行差错校验，直至帧结束标志出现。在传输时要求收发两端保持严格的位同步，任何停顿都会使接收端后续接收失去同步。

2. 异步传输

异步传输又称起止式同步传输，是数据串行通信的另一种常见的同步方式。异步传输以字符作为独立的传输单位，为了保证传输的准确性，被传输的字符的前后各增加一位起始位和一位停止位，用起始位和停止位来指示被传输字符的开始和结束，在接收端删除起、止位，剩下的就是被传输的字符。每个传输字符由 4 个部分组成，即起始位、数据位、校验位（可选）和停止位，具体如下：①1 位起始位，以逻辑 0 表示。②5～8 位数据位，即要传输的字符内容。③1 位奇偶校验位，用于检错。④1～2 位停止位，以逻辑 1 表示，用作字符间的间隔。

异步传输的工作无数据时，传输线处于空闲停止状态，即高电平。当检测到传输线状态从高电平变为低电平时，表示检测到起始位，接收端启动，这时收发双方按约定的时钟频率对约定的字符比特数（5～8b）进行接收，并以约定的校验算法进行差错控制，待传输线状态从低电平变为高电平时，即检测到终止位，该字符接收结束，准备接收下一个字符。

异步传输过程采用的是以字符为单位的同步方式，在字符内的每一个数据位也是基于位同步的，发送端与接收端要采用相同的数据格式和相同的传输速率传输数据，并且依靠起始位和停止位来实现字符定界。字符间的异步定时与字符内各位间的同步定时是异步传输的特征。

与同步传输相比，异步传输的主要特点有：①异步传输是面向字符的传输，而同步传输是面向位的传输。②异步传输的单位是字符，而同步传输的单位是大的数据块。③异步传输通过传输字符的起始位和停止位进行收发双方的字符内的位同步，但不需要每位严格同步，传输字符之间的时间间隔可以是任意的；同步传输不但需要每位精确同步，还需要在数据块的起始与终止位置进行一个或多个同步字符的双方字符同步的过程，显然，同步传输的同步方式更严格。④异步传输相对于同步传输有效率低、速度低、设备便宜的特点，因此，这种方式主要用于低速设备，如键盘和使用 USB 接口的打印机等。随着异步传输模式（ATM）应用的发展，其在远距离的网络数据传输中将得到广泛应用。

（三）单工、半双工和全双工传输

数据在通信线路上传输时，根据数据传输方向可分为 3 种方式，分别是单工传输、半双工传输和全双工传输。

1. 单工传输

当数据在两个设备间传输时，一个设备只能发送数据，另一个设备只能接收数据，数据传输只能在一个固定的方向上进行，任何时候都不能改变数据传输方向。

2. 半双工传输

半双工传输允许数据在两个方向上传输，当数据在两个设备间传输时，两个设备都既能发送数据也能接收数据，但是同一时刻只能一个发送、另一个接收，确定由哪一端发送或接收数据需要端口主动进行模式切换。现在常用的楼宇间的对讲机就是使用半双工通信方式。

3. 全双工传输

全双工传输方式下，不仅数据同时在两个方向上传输，而且不用在数据传输时进行方向切换。一般情况下在数据通道中建立两个传输方向不同的信道（可以是物理信道，也可以是逻辑信道），数据会根据信号的来源自动判定传输方向，然后按指定的方向沿指定的信道传输，这样就实现了同时进行双向传输。全双工传输是两个单工传输方式的结合，要求收发双方都有独立的接收和发送能力。全双工传输效率高、控制简单，但造价高，当前计算机网络通信一般都是全双工传输方式。

（四）数据编码

计算机等设备中存储、处理的都是数字数据，在网络通信时，信源与信宿之间传输的是模拟信号或数字信号。数字数据在模拟信道上传输，需要将数据调制到模拟信号上，这个过程也叫模拟信号编码；数字数据在数字信道上传输，需要进行数字信号编码。如果是模拟数据在数字信道上传输，则需要对模拟数据进行数字信号编码。

1. 数字数据的模拟信号编码

数字数据的模拟信号编码，即将数字数据转换为模拟信号的编码方法。为了利用公共电话交换网实现计算机之间的远程通信，必须将发送端的数字信号变换成能够在公共电话网上传输的音频信号，经传输后再在接收端将音频信号逆变换成对应的数字信号。实现这个操作的设备就是调制解调器。

模拟信号传输的基础是载波，载波信号可以表示为正弦波形式。因此，通过改变以下几个参数可实现对模拟信号的编码。

（1）幅移键控

幅移键控（Amplitude Shift Keying，ASK）是用载波的两种不同幅度来表示二进制的两种状态。幅移键控方式容易受干扰信号的影响而导致数据传输失真，是一种低效的调制技术。

（2）频移键控

频移键控（Frequency Shift Keying，FSK）是用载波频率附近的两种不同频率来表示二进制的两种状态。使用频移键控可以实现全双工操作，频移键控的编码方式改变的是频率，抗干扰能力强、传输距离远、传输速率高，是被实际应用最多的一种模拟信号编码方式。

（3）相移键控

相移键控（Phase Shift Keying，PSK）是用载波信号相位移动来表示数据，相移键控本质是用一个电信号的波形中不同的起始相位来表示二进制的两种状态。与频移键控一样，相移键控抗干扰能力也比较强，但是相移键控对设备精度要求相对高。

2. 数字数据的数字信号编码

计算机、数据终端中的数字数据是以电信号的方式存在，但是这些原始数字信号一般不能直接在信道上进行传输，通常要经过编码后才送入信道，这就是数字数据的数字信号编码。由于远距离传输会受到干扰和信号衰减等因素影响，对数字数据编码更有利于在接收端区分 0 和 1 的值；网络传输受线路的制约而一般使用串行通信，数字数据的编码可以在传输信号中携带时钟，不必再传输专用的同步信号。采用合适的编码方式，充分利用信道的传输能力，可以达到较高的传输速度，因此在网络中不直接使用原始数字数据的高、低电平加载到物理信道上传输。

数字信号编码的工作由网络上的硬件完成，可用的通信编码方案很多，最常用的通信编码为不归零编码、曼彻斯特编码和差分曼彻斯特编码。

3. 模拟数据的数字信号编码

模拟数据的数字信号编码即将模拟数据转换为数字信号的方法。由于数字信号传输失真小、误码率低、传输速率高。在网络传输的数据除了数字化的字符外，还需要将语音、图像、视频模拟信息数字化后才能在数字信道中传输。

模拟数据实现数字化最常用的方法是脉冲编码调制（Pulse Code Modulation，PCM），PCM 的典型应用是语音数字化，基本过程是发送端通过 PCM 编码器将语音信号变换为数字化信号，通过通信信道传输到接收端，接收端再通过 PCM 解码器将它还原成语音信号。数字化语音信号传输速率高、失真率小，可以存储在计算机中并进行必要的处理。因此，在网络通信中，首先要利用 PCM 技术将语音数字化。

4. 码元和码字

不管使用哪一种编码方式，都是以码元为基本编码单元，通常把携带数据信息的信号（波形）单元称为码元，也就是用时间间隔相同的信号来表示一个二进制数，这个时间间隔内的信号称为二进制码元。不归零编码方式的一个码元只用来表示 0 或 1 中的一种状态，则一个码元就是 1 位二进制数据，所以一个信号脉冲（一个波形）就是一个码元的信号。

在网络通信时通常把需要传输的数据分解成一个个的数据单元，这样的一个数据单元称为帧。一帧数据也是一个编码单元，称为码字，一个码字是由若干个码元组成的二进制信号。例如，在网络通信中字符传输是以一个 ASCII 码字符为一个传送单位，因为一个标准的 ASCII 码字符由 7 位的二进制数组成，那么这种通信网络的一个码字就是由 7 个码元组成。显然，不同通信编码的码字长度是不一样的。

四、数据交换技术

网络中两台计算机要进行数据通信，最简单的形式是采用物理上的点对点通信，也就是直接用传输媒体将两个端点通过通信线连接起来实现数据传输，速度快且不会受干扰，但是这种形式不仅造价高而且通信切换困难。为避免建立多条点对点的信道,就必须使计算机和某种形式的交换设备相连,利用中间节点将通信双方连接起来,以此实现通信。这种交换通过某些交换中心将数据进行集中和转送的方式可以大大节省通信线路,而且也提高了通信切换的效率。

数据在通信子网中各节点间的传输过程称为数据交换。数据交换是多节点网络中实现数据传输的有效手段,一个通信网的有效性、可靠性和经济性直接受网中所采用的交换方式的影响。数据交换方式可分为两大类,即线路交换和存储转发交换,其中存储转发交换又可分为报文交换和分组交换。

(一) 电路交换

电路交换又称为线路交换,现在电话系统中程控交换机就是采用这种交换方式,基本过程是通信双方在通信前建立一个独占的物理连接,通信结束释放这条物理线路。线路交换的过程包括以下几个阶段。

①电路建立:在传输任何数据之前,要先经过呼叫过程建立一条端到端的物理连接,这实际上就是一个个站点的连接过程。

②数据传输:线路"1234"建立以后,两个站点就可以经过中间节点的数据交换而进行数据传输了。在整个数据传输过程中,所建立的电路始终保持连接状态,在该物理链路被释放之前,即使某一时刻线路上没有数据传输,其他站点也无法使用该线路。

③电路拆除:数据传输结束后,由某一方(主叫方或被叫方)发出拆除请求信号并得到对方响应后,逐点拆除到对方的节点,节点资源就可以让网络中的其他设备使用了。

电路交换的优点是:实时性好,一旦线路建立,通信双方的所有资源均用于本次通信,只有少量的传输延迟,数据传输迅速,数据传输过程中不会出现失序现象,线路交换设备简单,不提供任何缓存装置。其缺点是:独占性,线路接通后即为专用信道,线路空闲时,信道容量被浪费,因此线路利用率低,线路建立时间较长,在短时间数据传输时电路建立和拆除所用的时间得不偿失,只有少量数据要传送时,也要花不少时间用于建立和拆除电路。电路交换适用于高负荷的持续通信和实时性要求较强的场合,现在的电话语音通信都是使用电路交换。

(二) 报文交换

在计算机网络中的数据传输往往是突发性、间断性、多次的通信,如果采用电路交换方式会浪费信道容量和有效时间,这时就要采用存储转发交换方式。

存储转发交换工作过程是:在交换过程中,交换设备将接收到的数据先存储在缓冲区，待输出信道空闲时再转发出去，一级一级地中转，直到目的地。与电路交换相比，该方式具有可以动态使用线路、线路利用率高、可进行差错控制、容错性强等优点，但实时性不好，传输延迟大。根据交换的数据单位不同，存储转发交换又可分为报文交换和报文分组交换。

报文交换方式的数据传输单位是报文，报文是站点一次性要发送的数据块，其长度不限且可变。每个报文包括报头、报文正文和报尾3个部分，报头由发送端地址、接收端地址、报文长度等信息组成，报尾包含校验位等信息。

报文交换工作的基本工作过程：发送端先将需要发送的数据包装成一个个的报文，然后将报文发送到与之相连的节点上，节点先接收整个报文，检查无误后保存这个报文（存储），然后根据报文中的目的地址，利用路由信息找出下一个节点的地址，再将整个报文传送（转发）给下一个相邻节点，从而逐个节点地转送到目的节点。

与电路交换相比，报文交换的优点包括：线路利用率高，多个用户的数据可以通过存储和排队共享一条线路；数据传输的可靠性高，每个节点在存储转发中都进行差错控制；每个节点都能在存储转发时进行速率和报文数据格式的转换，方便传输和目的节点接收；支持多点传输，报文交换系统可以把一个报文发送到多个节点，然后由下一个节点选择传输路径，提高了传输次序，在网络通信量大时仍可以多路接收报文，只是传送延迟会增加。

早期的电报通信、文本文件传输都是采用报文交换的传输方式。

（三）报文分组交换

采用报文交换的方式，报文在每一个节点都会产生延迟，由于是利用存储转发的方法，若报文较长，需要较大容量的存储器，若将报文放到外存储器中时，会造成响应时间过长，增加了延迟时间，一个报文的节点延迟时间等于接收报文所需的时间加上向下一个节点转发所需的排队延迟时间之和。

报文交换存在存储转发和排队的问题，还表现在不同长度的报文要求不同长度的处理和传输时间，报文经过网络的延迟时间长且不定，不能满足实时性强的交互式的通信要求，报文大小不一，还会造成节点缓存管理复杂。如果发出的报文不按顺序到达目的端，而且出错后需要重发整个报文，造成网络资源的浪费。

报文分组交换可以解决上述问题，报文分组交换简称分组交换，也叫包交换，是对报文交换的改进，仍然采用"存储转发"的方式，但不像报文交换方式那样以报文为交换单位，而是把报文进一步"分解"成若干比较短的、大小相等的分组（包），以分组为单位进行存储转发。

在工作原理上，分组交换类似于报文交换，但它规定了分组的长度。通

第二章　数据通信与计算机控制技术

常，分组的长度远小于报文的长度。如果站点要传送的数据超过规定的分组长度，该数据必须被分为若干个分组，数据以分组为单位进行传输。

　　进行分组交换时，发送端先要将传送的数据分割成若干个规定长度的数据块，再装配成一个个分组。装配过程中要对各个分组进行编号，并附加源端和目的端的地址，以及约定的其他信息，这样每个分组都带有一个分组头和校验序列。然后将各个分组分别送入通信子网中进行交换传输。当这些分组到达目的端后，被重新组装成原来的报文，递交给用户。从表面上看，分组交换只是缩短了网络传输中的信息长度，与报文交换相比没有特别的地方。但实质上，这个微小的变化大大提高了交换网络的性能。由于以较小的分组为传输单位，因此可以大大降低对网络节点存储容量的要求，还可以利用节点设备的内存储器进行存储转发处理，无须访问外存储器，处理速度加快，从而可以提高传输速率。又由于分组较短，在传输中出错的概率减小，即使出错，重发的数据也只是一个分组而非整个报文。此外，在分组交换中，多个分组可在网络中的不同链路上传输，这又可以提高传输速率和线路的利用率。但分组交换的传输方式要在发送端对报文进行分组，在接收端对分组进行拆包并组成报文（重装），这会增加报文的处理时间。

　　分组交换实现的关键是分组的长度选择，分组越短，分组中的控制信息等冗余量的比例越大，将影响传输效率；而分组越大，传输中的出错概率也越大，增加重发次数，同样也影响传输效率。分组长度还受到线路传输质量及传输速率的影响，对线路质量一般和低传输速率来说，分组的长度短一些比较好，低速网络分组长一般在 100B～1KB 范围内，对于较好的线路质量和较高的传输速率，分组长在 1KB 以上，如以太网中分组的长度为 1500B 左右。

　　与报文交换相比，分组交换以有限的长度分组，对中继节点存储量要求较小，可用高速缓存技术来存储转发分组；由于转发延时降低，也可以用于适时通信；数据传输灵活，各分组独立地向下一个节点转发，也可以交织在同一线路上传输，线路的利用率及传输率都比较高；减小在传输中出错的概率，出错时重发的数据也只是一个分组而非整个报文。

　　现代计算机网络通信一般都是采用分组交换方式进行数据传输。

　　（四）高速交换技术

　　目前常用的数据交换方式主要是电路交换和分组交换，但由于网络的应用越来越广泛，人们对通信线路数据传输速率的需求越来越高，同时也发现传统分组交换方式的传输速率低、实时性差，特别是网络中的多媒体应用越来越多，要求网络能够实时且高速地传送数据。于是，在传统分组交换技术的基础上发展形成了高速交换技术。高速交换技术又称高速分组交换技术，常见的技术如下。

1. 帧中继

帧中继是在分组交换技术上发展起来的高速分组技术。典型的帧中继通信系统以中继交换机作为节点组成高速中继网，再将各个计算机网络通过路由器与帧中继网络中的某一节点相连。帧中继以帧为单位进行传送数据，工作在数据链路层，网络在传送过程中对帧结构、传送差错等情况进行检查，对出错帧直接予以丢弃，同时，通过对帧中地址段的识别，实现用户信息的统计复用。帧中继减少了节点对帧的检查，使节点处理数据时间大大缩短，从而提高了数据传输速度。

2. 异步传输模式

相较于帧中继，当前网络中应用更广泛、更有发展前途的高速交换技术是异步传输模式（Asynchronous Transfer Mode，ATM）。

ATM 是以国际电信联盟电信标准化部门（ITU－T）制定信元为基础的一种分组交换和复用技术，信元由信头和信报组成。每个 ATM 信元包含 53 字节，其中 5 字节的头部信息、48 字节的数据。百分之十的头部开销显得特别高，所以工程人员戏称这种开销为"信元税"。在传输过程中，对于有负荷的中间节点不做检验，信息的校验在通信的末端设备中进行，以保证高的传输速率和低的时延。在这种模式中，音频、视频和数据等多种类型的信息以较小的固定长度的信元进行传输。

ATM 采用被称为信元的定长数据帧来传输数据，使网络的传输效率显著提高，并提供良好的服务质量支持。ATM 可以提供从 Mbit/s 级到 Gbit/s 级的可变带宽，是局域网和广域网都使用的技术，特别是光通信网络中经常采用这种传输方式。ATM 是一种为了多种业务设计的通用的面向连接的传输模式。

ATM 从网络结构角度来看可以分为三层，从下到上分别为物理层、ATM 层和 ATM 适配层。

ATM 是建立在电路交换与分组交换基础上的一种新的交换技术。它同时提供电路交换和分组交换服务，也称混合交换方式。

ATM 具有先天的对服务质量的支持，并支持多种服务，优点十分明显。但从 ATM 技术诞生以来，其市场占有率一直没有多大起色，主要原因是 ATM 技术有设备昂贵、配置复杂、扩展性差等缺点，影响其推广使用。

第二节 计算机控制技术

一、计算机控制系统概述

计算机控制是自动控制发展中的高级阶段,是自动控制的重要分支,广泛应用于工业、国防和民用等各个领域。随着计算机技术、高级控制策略、检测与传感技术、现场总线、通信与网络技术的高速发展,计算机控制系统已从简单的单机控制系统发展到了集散控制系统、综合自动化系统等。

(一)计算机控制系统特征

从模拟控制系统发展到计算机控制系统,控制器的结构、控制器中的信号形式、系统的过程通道内容、控制量的产生方法、控制系统的组成均发生了重大变化。计算机控制系统在系统结构方面有自己独特的内容;在功能配置方面呈现出模拟控制系统无可比拟的优势;在工作过程与方式等方面存在其必须遵循的规则。

将模拟自动控制系统中控制器的功能用计算机来实现,就组成了一个典型的计算机控制系统。

计算机控制系统由硬件和软件两个基本部分组成。硬件指计算机本身及其外部设备;软件指管理计算机的程序及生产过程应用程序。只有软件和硬件有机地结合,计算机控制系统才能正常地运行。

1. 结构特征

在模拟控制系统中均采用模拟器件,而在计算机控制系统中除测量装置、执行机构等常用的模拟部件外,其执行控制功能的核心部件是计算机,所以计算机控制系统是模拟和数字部件的混合系统。

模拟控制系统的控制器由运算放大器等模拟器件构成,控制规律越复杂,所需要的硬件也往往越多、越复杂,其硬件成本几乎和控制规律的复杂程度成正比,并且,若要修改控制规律,必须改变硬件结构。而在计算机控制系统中,控制规律是用软件实现的,修改一个控制规律时,无论是复杂还是简单的,只需修改软件,一般不需改变硬件结构,因此便于实现复杂的控制规律和对控制方案进行在线修改,系统具有很大的灵活性和适应性。

在模拟控制系统中,一般是一个控制器控制一个回路,而计算机控制系统中,由于计算机具有高速的运算处理能力,所以可以采用分时控制的方式,一个控制器同时控制多个回路。

计算机控制系统的抽象结构和作用在本质上与其他控制系统没有什么区别，因此，同样存在计算机开环控制系统、计算机闭环控制系统等不同类型的控制系统。

2. 信号特征

在模拟控制系统中各处的信号均为连续模拟信号，而在计算机控制系统中除了有模拟信号外，还有离散模拟、离散数字等多种信号形式。

在控制系统中引入计算机，利用计算机的运算、逻辑判断和记忆等功能完成多种控制任务。由于计算机只能处理数字信号，为了信号的匹配，计算机的输入和输出必须配置 A/D（模/数）转换器和 D/A（数/模）转换器。反馈量经 A/D 转换器转换为数字量以后，才能输入计算机，然后计算机根据偏差，按某种控制规律（如 PID 控制）进行运算，最后计算结果（数字信号）经过 D/A 转换器处理后（由数字信号转换为模拟信号）输出到执行机构，完成对被控对象的控制。

按照计算机控制系统中信号的传输方向，系统的信息通道由以下几部分组成。①过程输出通道：包含由 D/A 转换器组成的模拟量输出通道和开关量输出通道。②过程输入通道：包含由 A/D 转换器组成的模拟量输入通道和开关量输入通道。③人－机交互通道：系统操作者通过人－机交互通道向计算机控制系统发布相关命令、提供操作参数、修改设置内容等，计算机则可通过人－机交互通道向系统操作者显示相关参数、系统工作状态、控制效果等。

计算机通过输出过程通道向被控对象或工业现场提供控制量；通过输入过程通道获取被控对象或工业现场信息。当计算机控制系统没有输入过程通道时，称之为计算机开环控制系统。在计算机开环控制系统中，计算机的输出只随给定值变化，不受被控参数影响，可通过调整给定值达到调整被控参数的目的。但当被控对象出现扰动时，计算机无法自动获得扰动信息，因此无法消除扰动，导致控制性能较差。当计算机控制系统仅有输入过程通道时，称之为计算机数据采集系统。在计算机数据采集系统中，计算机的作用是对采集来的数据进行处理、归类、分析、储存、显示与打印等，而计算机的输出与系统的输入通道参数输出有关，但它不影响或改变生产过程的参数，所以这样的系统可认为是开环系统，但不是开环控制系统。

3. 控制方法特征

由于计算机控制系统除了包含连续信号外，还包含有数字信号，从而使计算机控制系统与连续控制系统在本质上有许多不同，所以需采用专门的理论来分析和设计计算机控制系统。常用的设计方法有两种，即模拟化设计法和离散化直接设计法。

4. 功能特征

与模拟控制系统比较，计算机控制系统的重要功能特征表现在以下几个方面。

(1) 以软件代替硬件

以软件代替硬件的功能主要体现在两方面：一方面是当被控对象改变时，计算机及其相应的过程通道硬件只需进行少量的变化，甚至不需进行任何变化，面向新对象时重新设计一套新控制软件便可；另一方面是可以用软件来替代逻辑部件的功能实现，从而降低系统成本，减小设备体积。

(2) 数据存储

计算机具备多种数据保持方式，例如，脱机保持方式有 U 盘、移动硬盘、光盘、纸质打印纸制绘图等；联机保持方式有固定硬盘、EEPROM 等。正是由于有了这些数据保护措施，使得人们在研究计算机控制系统时，可以从容应对突发问题；在分析解决问题时可以大量减少盲目性，从而提高了系统的研发效率，缩短研发周期。

(3) 状态、数据显示

计算机具有强大的显示功能。显示设备类型有 CRT 显示器、LED 数码管、LED 矩阵块、LCD 显示器、LCD 模块、各种类型打印机、各种类型绘图仪等；显示模式包括数字、字母、符号、图形、图像、虚拟设备面板等；显示方式有静态、动态、二维、三维等；显示内容涵盖给定值、当前值、历史值、修改值、系统工作波形、系统工作轨迹仿真图等。人们通过显示内容可以及时了解系统的工作状态、被控对象的变化情况、控制算法的控制效果等。

(4) 管理功能

计算机都具有串行通信或联网功能，利用这些功能可实现多个计算机控制系统的联网管理，资源共享，优势互补；可构成分级分布集散控制系统，以满足生产规模不断扩大、生产工艺日趋复杂、可靠性需更高、灵活性需更好、操作需更简易的大系统综合控制的要求；可实现生产过程（状态）的最优化和生产规划、组织、决策、管理（静态）的最优化的有机结合。

(二) 计算机控制系统的工作原理和工作方式

1. 计算机控制系统的工作原理

计算机控制过程可归结为如下几个步骤。

①实时数据采集：对来自测量变送装置的被控量的瞬时值进行检测并输入。

②实时控制决策：对采集到的被控量进行分析和处理，并按已定的控制规律，决定将要采取的控制行为。

③实时控制输出：根据控制决策、适时地对执行机构发出控制信号，完成控制任务。

④信息管理：随着网络技术和控制策略的发展，信息共享和管理是计算机控制系统必须完成的功能。

2. 计算机控制系统的工作方式

(1) 在线方式和离线方式

在计算机控制系统中，生产过程和计算机直接连接，并受计算机控制的方式称为在线方式或联机方式；生产过程不和计算机相连，且不受计算机控制，而是靠人进行联系并做相应操作的方式称为离线方式或脱机方式。

(2) 实时的含义

所谓实时，是指信号的输入、计算和输出都要在一定的时间范围内完成，即计算机对输入信息要以足够快的速度进行控制，超出了这个时间，就失去了控制的时机，控制也就失去了意义。实时的概念不能脱离具体过程，一个在线的系统不一定是一个实时系统，但一个实时控制系统必定是在线系统。

(三) 计算机控制系统的结构

1. 计算机控制系统的硬件结构

计算机控制系统的硬件组成由计算机（工控机）和生产过程两大部分组成。

(1) 工控机

①主机板。主机板是工业控制机的核心，由中央处理器（CPU）、存储器（RAM、ROM）、监控定时器、电源掉电监测、保存重要数据的后备存储器、实时日历时钟等部件组成。主机板的作用是将采集到的实时信息按照预定程序进行必要的数值计算、逻辑判断、数据处理，及时选择控制策略并将结果输出到工业过程。

②系统总线。系统总线可分为内部总线和外部总线。内部总线是工控机内部各组成部分之间进行信息传送的公共通道，是一组信号线的集合。常用的内部总线有 IBMpC、PCI、ISA 和 STD 总线。

外部总线是工控机与其他计算机或智能设备进行信息传送的公共通道，常用的外部总线有 RS－232C、RS485 和 IEEE－488 通信总线等。

③输入/输出模板。输入/输出模板是工控机和生产过程之间进行信号传递和变换的连接通道，包括模拟量输入通道（AI）、模拟量输出通道（AO）、数字量（开关量）输入通道（DI）、数字量（开关量）输出通道（DO）。输入通道的作用是将生产过程的信号变换成主机能够接受和识别的代码，输出通道的作用是将主机输出的控制命令和数据进行变换，作为执行机构或电气开关的控

制信号。

④人－机接口。人－机接口包括显示器、键盘、打印机以及专用操作显示台等。通过人－机接口，操作员与计算机之间可以进行信息交换。人－机接口既可以用于显示工业生产过程的状况，也可以用于修改运行参数。

⑤通信接口。通信接口是工控机与其他计算机和智能设备进行信息传送的通道。常用的通信接口有 IEEE－488 并行接口、RS－232C、RS485 和 USB 串行接口。为方便主机系统集成，USB 总线接口技术正日益受到重视。

⑥磁盘系统。可以采用半导体虚拟磁盘，也可以采用通用的硬磁盘或 USB 磁盘。

（2）生产过程

生产过程包括被控对象、执行机构等装置，这些装置都有各种类型的标准产品，在设计计算机控制系统时，根据实际需求合理选型即可。

2. 计算机控制系统的软件结构

对于计算机控制系统而言，除了硬件组成部分以外，软件也是必不可少的部分。软件是指完成各种功能的计算机程序的总和，如完成操作、监控、管理、计算和自诊断的程序等。软件是计算机控制系统的神经中枢，整个系统的动作都是在软件的指挥下进行协调工作的。若按功能分类，软件分为系统软件和应用软件两大部分。

系统软件一般是由计算机厂家提供的，用来管理计算机本身的资源、方便用户使用计算机的软件。它主要包括操作系统、编译软件、监控管理软件等，这些软件一般不需要用户自己设计，它们只是作为开发应用软件的工具。

应用软件是面向生产过程的程序，如 A/D、D/A 转换程序，数据采样、数字滤波程序，标度变换程序，控制量计算程序，等等。应用软件大都由用户自己根据实际需要进行开发。应用软件的优劣将给控制系统的功能、精度和效率带来很大的影响，它的设计是非常重要的。

（四）计算机控制系统的分类

计算机控制系统与其所控制的生产对象密切相关，控制对象不同，其控制系统也不同。计算机控制系统的分类方法很多，可以按照系统的功能、工作特点分类，也可按照控制规律、控制方式分类。

按照控制方式分类，计算机控制系统可分为开环控制和闭环控制。

按照控制规律分类，计算机控制系统可分为程序和顺序控制、比例积分微分控制（PID 控制）、有限拍控制、复杂规律控制、智能控制等。

按照系统的功能、工作特点分类，计算机控制系统分为操作指导控制系统（Operational Information System，OIS）、直接数字控制系统（Direct Digital

Control System，DDC）、监督计算机控制系统（Supervisory Computer Control System，SCC）、集散控制系统（Distributed Control System，DCS）、现场总线控制系统、综合自动化系统等。

1. 操作指导控制系统

操作指导控制系统是指计算机的输出不直接用来控制生产对象，而只是对系统过程参数进行收集、加工处理，然后输出数据。

操作指导控制系统的优点是结构简单、控制灵活安全，特别适用于未摸清控制规律的系统，常常用于计算机控制系统研制的初级阶段，或用于试验新的数学模型和调试新的控制程序等。由于它需要人工操作，故不适用于快速过程控制。

2. 直接数字控制系统

直接数字控制系统是计算机控制系统中较为最普遍的一种方式。计算机通过输入通道对一个或多个物理量进行巡回检测，并根据规定的控制规律进行运算，然后发出控制信号，通过输出通道直接控制调节阀等执行机构。

在 DDC 中的计算机参加闭环控制过程，它不仅能完全取代模拟调节器，实现多回路的 PID 调节，而且不需要改变硬件，只需通过改变程序就能实现多种较复杂的控制规律，如串级控制、前馈控制、最优控制等。

3. 监督计算机控制系统

SCC 中，计算机根据工艺参数和过程参量检测值，按照所设计的控制算法进行计算，计算出最佳设定值后直接传给常规模拟调节器或者 DDC 计算机，最后由模拟调节器或 DDC 计算机控制生产过程。SCC 有两种类型：一种是 SCC＋模拟调节器；另一种是 SCC＋DDC。

（1）SCC＋模拟调节器的控制系统

在这种类型的系统中，计算机对各过程参数进行巡回检测，并按一定的数学模型对生产工况进行分析、计算后得出被控对象各参数的最优设定值并送给调节器，使工况保持在最优状态。当 SCC 的计算机发生故障时，可由模拟调节器独立执行控制任务。

（2）SCC＋DDC 的控制系统

这是一种二级控制系统，SCC 可采用较高档的计算机，它与 DDC 之间通过接口进行信息交换。SCC 计算机完成工段、车间等高一级的最优化分析和计算，然后给出最优设定值，并送给 DDC 计算机执行控制。

通常在 SCC 中，需选用具有较强计算能力的计算机，其主要任务是输入采样和计算设定值。由于 SCC 不参与频繁的输出控制，可有时间进行具有复杂规律的控制算式计算，因此，它能进行最优控制、自适应控制等，并能完成某些管理工作。SCC 的优点是不仅可进行复杂控制规律的控制，而且工作可靠性较高，当 SCC 出现故障时，下级仍可继续执行控制任务。

4. 集散控制系统

集散控制系统是企业经营管理和生产过程控制分别由几级计算机进行控制，实现分散控制、集中管理的系统。这种系统的每一级都有自己的功能，基本上是独立的，但级与级之间或同级的计算机之间又有一定的联系，相互之间可进行通信。

5. 现场总线控制系统

现场总线控制系统（Fieldbus Control System，FCS）是新一代分布式控制系统，它变革了 DCS 直接控制层的控制站和生产现场的模拟仪表，保留了 DCS 的操作监控层、生产管理层和决策管理层。FCS 从下至上依次分为现场控制层、操作监控层、生产管理层和决策管理层。其中现场控制层是 FCS 所特有的，另外三层和 DCS 相同。现场总线控制系统的核心是现场总线。

6. 综合自动化系统

综合自动化系统又称现代集成制造系统（Contemporary Integrated Manu-facturing Sys－tems，CIMS），其中，"现代"的意思是信息化、智能化和计算机化，"集成"包含信息集成、功能集成等。

目前，综合自动化系统采用 ERP/MES/PCS 三层结构。它将综合自动化系统分为以设备综合控制为核心的过程控制系统（PCS）、以财物分析/决策为核心的企业资源系统（ERP）和以优化管理、优化运行为核心的生产执行系统（MES）。

采用 ERP/MES/PCS 三层结构的综合自动化系统，符合现代企业生产管理"扁平化"思想，促使管理从以职能功能为中心向以过程为中心转化，这样更易于集成和实现，进而解决了当前软件生产经营层与生产层之间脱节的现状，且生产成本低。

二、计算机控制系统抗干扰技术

计算机控制系统的工作环境往往比较复杂、恶劣，尤其是系统周围的电磁环境对系统的可靠性与安全性构成了极大的威胁。计算机控制系统必须长期稳定、可靠运行，否则将导致控制误差加大，严重时会使系统失灵，甚至造成巨大损失。

影响系统可靠、安全运行的主要因素是来自系统内部和外部的各种干扰，所谓干扰就是指有用信号以外的噪声或造成计算机或者设备不能正常工作的破坏因素。外部干扰指的是与系统结构无关，由外界环境决定的影响系统正常运行的因素，如空间或磁的影响，环境温度、湿度等的影响等；内部干扰指的是由系统结构、制造工艺等决定的、影响系统正常运行的因素，如分布电容、分布电感引起的耦合，多点接地引起的电位差，寄生振荡引起的干扰等。

（一）计算机控制系统主要干扰分析

1. 干扰的来源

干扰的来源是多方面的，有时甚至是错综复杂的，对于计算机控制系统来说，干扰既可能来自系统外部，也可能来自系统内部。外部干扰与系统结构无关，仅由使用条件和外部环境因素决定，内部干扰则是由系统的结构布局、制造工艺产生的。

外部干扰主要来自空间电场或磁场的影响，如电气设备和输电线发出的电磁场，太阳或其他星球辐射的电磁波，通信广播发射的无线电波，雷电、火花放电、弧光放电等放电现象等。内部干扰主要有分布电容、分布电感引起的耦合感应，电磁场辐射感应，长线传输造成的波反射，多点接地造成的电位差引起的干扰，装置及设备中各种寄生振荡引起的干扰，热噪声、闪变噪声、尖峰噪声等引起的干扰以及元器件产生的噪声等。

2. 干扰的传播途径

干扰传播的途径主要有：静电耦合、磁场耦合与公共阻抗耦合。

（1）静电耦合

静电耦合是指电场通过电容耦合途径窜入其他线路的一种干扰传播途径。两根并排的导线之间会构成分布电容，例如，印制线路板上的印制线路之间、变压器绕线之间都会构成分布电容。

（2）磁场耦合

空间的磁场耦合是通过导体间的互感耦合产生的。在任何载流导体周围空间中都会产生磁场，而交变磁场则对其周围闭合电路产生感应电势。例如，设备内部的线圈或变压器的漏磁会引起干扰，普通的两根导线平行架设时也会产生磁场干扰。

（3）公共阻抗耦合

公共阻抗耦合发生在两个电路的电流流经一个公共阻抗的时候，一个电路在该阻抗上的电压降会影响另一个电路，从而产生干扰噪声的影响。

3. 过程通道中的干扰

过程通道是计算机控制系统进行信息传输的主要路径。按干扰的作用方式不同，过程通道中的干扰主要有串模干扰（常态干扰）和共模干扰（共态干扰）。

(1) 串模干扰

串模干扰是指叠加在被测信号上的干扰噪声，即干扰串联在信号源回路中。

(2) 共模干扰

共模干扰是指在计算机控制系统输入通道中信号放大器两个输入端上共有的干扰电压，可以是直流电压，也可以是交流电压，其幅值达几十伏特甚至更高，这取决于现场产生干扰的环境条件和计算机等设备的接地情况。

(3) 长线传输干扰

由生产现场到计算机的连线往往长达数百米，甚至几千米。即使在中央控制室内，各种连线也有几米到几十米。对于采用高速集成电路的计算机来说，长线的"长"是一个相对的概念，是否"长线"取决于集成电路的运算速度。

信号在长线中传输时除了会受到外界干扰和引起信号延迟外，还可能会产生波反射现象。当信号在长线中传输时，由于传输线的分布电容和分布电感的影响，信号会在传输线内部产生正向前进的电压波和电流波，称为入射波。如果传输线的终端阻抗与传输线的阻抗不匹配，则入射波到达终端时会引起反射。同样，反射波到达传输线始端时，如果始端阻抗不匹配，又会引起新的反射，使信号波形严重畸变。

(二) 过程通道中的抗干扰技术

1. 串模干扰的抑制

对串模干扰的抑制较为困难，因为干扰电压 U_c 直接与信号源电压 U_s 串联。串模干扰的抑制方法应从干扰信号的特性和来源入手，采取相应的措施，目前常用的措施有采用双绞线和滤波器两种。

(1) 采用双绞线

串模干扰主要来自空间电磁场，采用双绞线作信号线的目的就是为了减少电磁感应，并使各个小环路的感应电势互相呈反向抵销。用这种方法可使干扰抑制比达到几十分贝。为了从根本上消除产生串模干扰的来源，一方面对测量仪表要进行良好的电磁屏蔽；另一方面应选用带有屏蔽层的双绞线作信号线，并应有良好的接地。

(2) 采用滤波器

采用滤波器抑制串模干扰是一种常用的方法。根据串模干扰频率与被测信号频率的分布特性，可以选用低通、高通、带通等滤波器。如果串模干扰频率比被测信号频率低，则采用高通滤波器来抑制低频串模干扰；如果串模干扰频率在被测信号频谱的两侧，则采用带通滤波器。在计算机控制系统中，主要采用低通 RC 滤波器滤掉交流干扰。

由于串模干扰都比被测信号变化快,所以使用最多的是低通滤波器。一般采用电阻、电容和电感等无源元件构成无源滤波器。为了把增益和频率特性结合起来,可以采用以反馈放大器为基础的有源滤波器,这对小信号尤其重要,它不仅可以提高增益,而且可以提供频率特性,其缺点是线路复杂。

2. 共模干扰的抑制

共模干扰产生的原因是不同"地"之间存在电压以及模拟信号系统对地的漏阻抗会引起电压,因此,共模干扰的抑制就是有效隔离两个地之间的电联系,可采用被测信号的双端差动输入方式,具体的有变压器隔离、光电隔离与浮地屏蔽等多种措施。

(1) 变压器隔离

利用变压器把现场信号源的地与计算机的地隔离开,这种把"模拟地"与"数字地"断开的方法称为变压器隔离。被测信号通过变压器耦合获得通路,而共模干扰电压由于不成回路而被有效抑制。要注意的是,隔离前和隔离后应分别采用两组互相独立的电源,以切断两部分的地线联系。

(2) 光电隔离

光电隔离是目前计算机控制系统中最常用的一种抗干扰方法,它使用光电耦合器来完成隔离任务。光电耦合器是由封装在一个管壳内的发光二极管和光敏三极管组成的,发光二极管两端为信号输入端,光敏三极管的集电极和发射极分别为光电耦合器的输出端。采用光电隔离可以实现数字信号、模拟信号传输的干扰抑制。

(3) 浮地屏蔽

浮地屏蔽利用屏蔽层使输入信号的"模拟地"浮空,并使共模输入阻抗大为提高,共模电压在输入回路中引起的共模电流大为减少,从而抑制共模干扰的来源,使共模干扰降至很小。

该方法是将测量装置的模拟部分对机壳浮地,从而达到抑制干扰的目的。模拟部分浮置在一个金属屏蔽盒内,为内屏蔽盒,而内屏蔽盒与外部机壳之间再次浮置,外机壳接地。一般称内屏蔽盒为内浮置屏蔽罩。通常内浮置屏蔽罩可单独引出一条线作为屏蔽保护端。

(三) 接地技术

接地技术对计算机控制系统是极为重要的,不恰当的接地会造成极其严重的干扰,而正确的接地是抑制干扰的有效措施之一。接地的目的有两个:一是抑制干扰,使计算机工作稳定;二是保护计算机、电器设备和操作人员的安全。

1. 地线系统分析

广义的接地包含两个方面,即接实地和接虚地。接实地指的是与大地连接,接虚地指的是与电位基准点近接,若这个基准点与大地电气绝缘,则称为浮地连接。接地的目的有两个:一是保证控制系统稳定可靠地运行,防止地环路引起的干扰,这常称为工作接地;二是避免操作人员因设备的绝缘损坏或下降而遭受触电危险,以及保证设备的安全,这称为保护接地。

(1) 接地分类

接地分为安全接地、工作接地和屏蔽接地。

①安全接地。安全接地又分为保护接地、保护接零两种形式。保护接地就是将电气设备在正常情况下不带电的金属外壳与大地之间用良好的金属连接,如计算机机箱的接地。保护接零是指用电设备外壳接到零线,当一相绝缘损坏而与外壳相连时,则由该相、设备外壳、零线形成闭合回路,这时,电流一般较大,从而引起保护器动作,使故障设备脱离电源。

②工作接地。工作接地是为电路正常工作而提供的一个基准电位。这个基准电位一般设定为零。该基准电位可以设为电路系统中的某一点、某一段或某一块等,一般是控制回路直流电源的负端。

工作接地有3种方式,即浮地方式、直接接地方式、电容接地方式。

浮地方式:设备的整个地线系统和大地之间无导体连接,以悬浮的"地"作为系统的参考电平。其优点是浮地系统对地的电阻很大,对地分布电容很小,则由外部共模干扰引起的干扰电流很小。浮地方式的有效性取决于实际的悬浮程度。当实际系统做不到真正的悬浮以及系统的基准电位受到干扰时,会通过对地分布电容产生位移电流,使设备不能正常工作。一般大型设备或者放置于高压设备附近的设备不采取浮地方式。

直接接地方式:设备的地线系统与大地之间良好连接。其优缺点与浮地方式正好相反。当控制设备有很大的分布电容时,只要合理选择接地点,就可以抑制分布电容的影响。

电容接地方式:通过电容把设备的地线与大地相连。接地电容主要是为高频干扰分量提供对地的通道,抑制分布电容的影响。电容接地主要用于工作地与大地之间存在直流或低频电位差的情况,所用的电容应具有良好的高频特性和耐压性能,一般选择的电容值在 $2\sim10\mathrm{pF}$ 之间。

③屏蔽接地。为了抑制变化电场的干扰,计算机控制装置以及电子设备中广泛采用屏蔽保护,如变压器的初、次级间的屏蔽层,功能器件或线路的屏蔽罩等。屏蔽接地指的是屏蔽用的导体与大地之间保持良好连接,目的是充分抑制静电感应和电磁感应的干扰。

（2）接地技术分析

①浮地－屏蔽接地。在计算机测控系统中，常采用数字电子装置和模拟电子装置的工作基准地浮空，而设备外壳或机箱采用屏蔽接地。浮地方式中计算机控制系统不受大地电流的影响，这提高了系统的抗干扰能力。由于强电设备大都采用保护接地，浮空技术切断了强电与弱电的联系，系统运行安全可靠。而外壳或机箱屏蔽接地，无论是从防止静电干扰和电磁干扰的角度还是人身设备安全的角度，都是十分必要的措施。

②一点接地。一点接地技术有串联一点接地和并联一点接地两种形式。串联一点接地指各元件、设备或电路的接地点依次相连，最后与系统接地点相连。由于导线存在电阻（地电阻），所以会导致各接地点的电位不同。并联一点接地指所有元件、设备或电路的接地点与系统的接地点连在一点。各元件、设备、电路的地电位仅与本部分的地电流和地电阻有关，避免了各个工作电流的地电流耦合，减少了相互干扰。一般在低频电路中宜用一点接地技术。

③多点接地。将地线用汇流排代替，所有的地线均接至汇流排上，这样连接时，地线长度较短，减少了地线感抗。尤其在高频电路中，地线越长，其中的感抗分量越大，而采用一点接地技术的地线长度较长，所以在高频电路中，宜采用多点接地技术。

④屏蔽接地。第一，低频电路电缆的屏蔽层接地。电缆的屏蔽层接地应采用单点接地的方式，屏蔽层的接地点应当与电路的接地点一致。对于多层屏蔽电缆，每个屏蔽层应在一点接地，但各屏蔽层应相互绝缘。第二，高频电路电缆的屏蔽层接地。高频电路电缆的屏蔽层接地应采用多点接地的方式。高频电路的信号在传递中会产生严重的电磁辐射，数字信号的传输会严重地衰减，如果没有良好的屏蔽，数字信号会产生错误。一般采用以下原则：当电缆长度大于工作信号波长的 0.15 倍时，采用工作信号波长的 0.15 倍的间隔多点接地的方式。如果不能实现，则至少将屏蔽层两端接地。第三，系统的屏蔽层接地。当整个系统需要抵抗外界电磁干扰或需要防止系统对外界产生电磁干扰时，应将整个系统屏蔽起来，并将屏蔽体接到系统地上，如计算机的机箱、敏感电子仪器、某些仪表的机壳等。

⑤设备接地。在计算机控制系统中，可能有多种接地设备或电路，如低电平的信号电路（如高频电路、数字电路、小信号模拟电路等）、高电平的功率电路（如供电电路、继电器电路等）。这些较复杂的设备接地一般要遵循以下原则。

第一，50Hz 电源零线应接到安全接地螺栓处，对于独立的设备，安全接地螺栓设在设备金属外壳上，并有良好电气连接。为防止机壳带电，危及人身安全，绝对不允许用电源零线作为地线（代替机壳地线）。

第二，为防止高电压、大电流和强功率电路（如供电电路、继电器电路等）对低电压电路（如高频电路、数字电路、模拟电路等）的干扰，一定要将它们分开接地，并保证接地点之间的距离。高电压、大电流和强功率电路为功率地（强电地），低电压电路为信号地（弱电地），信号地分为数字地和模拟地，数字地与模拟地要分开接地，最好采用单独电源供电并分别接地，信号地线应与功率地线和机壳地线相绝缘。

2. 计算机控制系统输入环节的接地

在计算机控制系统的输入环节中，传感器、变送器、放大器通常采用屏蔽罩，而信号的传送往往采用屏蔽线。屏蔽层的接地采用单点接地的原则。单点接地是为了避免在屏蔽层与地之间的回路电流通过屏蔽层与信号线间的电容而产生对信号线的干扰。一般输入信号比较小，而模拟信号又容易接受干扰，因此，输入环节的接地和屏蔽应格外重视。特别地，对于高增益的放大器，还要将屏蔽层与放大器的公共端连接，以消除寄生电容产生的干扰。

3. 主机系统的接地

（1）主机一点接地

计算机控制系统的主机架内采用分别回流法接地方式。主机与外部设备各地的连接采用一点接地技术。为了避免与地面接触，各机柜用绝缘板铺垫。

（2）主机外壳接地，机芯浮空

为了提高计算机的抗干扰能力，将主机外壳当作屏蔽罩接地，而机芯内器件架空，与外壳绝缘隔离，绝缘电阻大于 $50M\Omega$，即机内信号地浮空。这种方法安全可靠，抗干扰能力强，但制造工艺复杂。

（3）多机系统的接地

在多台计算机进行资源共享的计算机网络系统中，如果接地不合理，整个系统将无法正常工作。在一般情况下，采用的接地方式视各计算机之间的距离而定。如果网络中各计算机之间的距离较近，则采用多机一点接地方法；如果距离较远，则多台计算机之间进行数据通信时，其地线必须隔离，如采用变压器隔离、光电隔离等。

（四）供电技术

计算机控制系统的工作电源一般是直流电源，但供电电源却是交流电源。电网电压和频率的波动会影响供电的质量，而电源的可靠性和稳定性对控制系统的正常运行起着决定性的作用。

从供电结构图中可以简单地将供电系统分为交流电源环节和直流电源环节，提高供电系统的可靠性和稳定性时，可针对以上两个环节采用不同的抗干扰措施。

1. 交流电源环节的抗干扰技术

理想的交流电源频率应该是 50Hz 的正弦波，但是事实上，由于负载的变动，特别是像电动机、电焊机等设备的启停都会造成电源电压比较大幅度的波动，严重时会使电源正弦波上出现较高瞬时值的尖峰脉冲。这种脉冲容易造成计算机的"死机"，甚至损坏硬件，对系统的危害很大。对此，可以考虑采用以下方法解决。

（1）选用供电较为稳定的交流电源

计算机控制系统的电源进线要尽量选用比较稳定的交流电源线，至少不要将控制系统接到负载变化大、功率器件多或者有高频设备的电源上。

（2）利用干扰抑制器消除尖峰干扰

干扰抑制器使用简单，它是一种四端网络，目前已有产品出售。

（3）通过采用交流稳压器和低通滤波器稳定电网电压

采用交流稳压器是为了抑制电网电压的波动，提高计算机控制系统的稳定性，交流稳压器能把输出波形畸变控制在 5% 以内，还可以对负载短路起限流保护作用。低通滤波器是为了滤除电网中混杂的高频干扰信号，保证 50Hz 基波通过。

（4）利用不间断电源保证不间断供电

电网瞬间断电或电压突然下降等会使计算机陷入混乱状态，这是可能产生严重事故的恶性干扰。对于要求较高的计算机控制系统，可以采用不间断电源（UPS）供电。

在正常情况下交流电网通过交流稳压器、切换开关、直流稳压器向计算机系统供电，同时交流电网也给电池组充电。所有的不间断电源设备都装有一个或一组电池和传感器。如果交流供电中断，则系统的断电传感器检测到断电后，就会通过控制器将供电通路在极短的时间内切换到电池组，从而保证计算机控制系统不停电。这里逆变器能把电池直流电压逆变成具有正常电压频率和幅值的交流电压，具有稳压和稳频的双重功能，提高了供电质量。

2. 直流电源环节的抗干扰技术

直流电源环节是经过交流电源环节转换而来的，为了进一步抑制来自电源方面的干扰，一般在直流电源环节也要采取一些抗干扰措施。

（1）对交流电源变压器加以屏蔽

把交流高压转化为直流低压的首要设备就是交流电源变压器，因此对交流电源变压器设置合理的静电屏蔽和电磁屏蔽是一种十分有效的抗干扰措施。通常将交流电源变压器的原级、副级分别加以屏蔽，原级的屏蔽层与铁芯同时接地。在要求更高的场合，可在层间也加上屏蔽的结构。

(2) 采用直流开关电源

直流开关电源即采用功率器件获得直流电的电源，为脉宽调制型电源，通常脉冲频率可达 20KHz，具有体积小、重量轻、效率高、电网电压变化大以及电网电压变化时不会输出过电压或欠电压、输出电压保持时间长等优点。开关电源原级、副级之间具有较好的隔离，对于交流电网上的高频脉冲干扰有较强的隔离能力。

(3) 采用 DC−DC 变换器

如果系统供电电源不够稳定或者对直流电源的质量要求较高，可以采用 DC−DC 变换器，将一种电压值的直流电源变换成另一种电压值的直流电源。DC−DC 变换器具有体积小、性能价格比高、输入电压范围大、输出电压稳定以及对环境温度要求低等优点。

(4) 为各电路设置独立的直流电源

较为复杂的计算机控制系统往往设计了多块功能电路板，为了防止板与板之间的相互干扰，可以对每块板设置独立的直流电源，从而分别供电。在每块板上安装 1~2 块集成稳压块来组成稳压电源，每个功能电路板单独进行过电流保护，这样即使某个稳压块出现故障，整个系统也不会遭到破坏，而且减少了公共阻抗的相互耦合，大大提高了供电的可靠性，也有利于电源散热。

第三章 无线网络技术

第一节 无线局域网技术

一、无线局域网的特点

（一）移动性和灵活性

WLAN 利用无线通信技术在空中传输数据，摆脱了有线局域网的地理位置束缚，用户可以在网络覆盖范围内的任何位置接入网络，并且可在移动过程中对网络进行不间断的访问，体现出极大的灵活性。目前的 WLAN 技术可以支持最远 50km 的传输距离和最高 90km/h 的移动速度，足以满足用户在网络覆盖区域内享受视频点播、远程教育、视频会议、网络游戏等一系列宽带信息服务。

（二）安装便捷

传统有线局域网的传输媒介主要是铜缆或光缆，布线、改线工程量大，通常需要破墙掘地、穿线架管，线路容易损坏，网中的各节点移动不方便。WLAN 的安装工作快速、简单，无须开挖沟槽和布线，并且组建、配置和维护都比较容易。通常，只需要安装一个或多个接入点设备，就可建立覆盖整个区域的局域网络。

（三）易于进行网络规划和调整

对于有线网络来说，办公地点或网络拓扑的改变通常意味着重新建网、布线，费时、费力且需要较大的资金投入。而无线网络设备可以随办公环境的变化而轻松转移和布置，有效提高了设备的利用率并保护用户的设备投资。

（四）故障定位容易、维护成本低

对于经常移动、增加和变更的动态环境来说，WLAN 的长远投资收益更加明显。在有线局域网中，由于线路连接不良而造成的网络中断往往很难查明，检修线路需要付出很大的代价。WLAN 则很容易定位故障，只需更换故障设备即可恢复网络连接。

（五）易于扩展

WLAN可以以一种独立于有线网络的形式存在，在需要时可以随时建立临时网络，而不依赖有线骨干网。WLAN组网灵活，可以满足具体的应用和安装需要。WLAN比传统有线局域网提供更多可选的配置方式，既有适用于小数量用户的对等网络，也有适用于几千名移动用户的完整基础网络。在WLAN中增加或减少无线客户端都非常容易，通过增加无线AP就可以增大用户数量和覆盖范围，可以很快地从只有几个用户的小型局域网扩展到支持上千用户的大型网络，并且能够提供节点间"漫游"等有线局域网无法实现的特性。

（六）网络覆盖范围广

WLAN具体的通信距离和覆盖范围视所选用的天线不同而有所不同：定向天线可达到5km～50km；室外的全向天线可覆盖15km～20km的半径范围；室内全向天线可覆盖250m的半径范围。

二、无线局域网的分类

无线局域网的分类方法有很多，下面介绍几种主要的分类方法。

（一）按频段的不同分

按频段的不同来分，可以分为专用频段和自由频段两类。其中不需要执照的自由频段又可分为红外线和无线电（主要是2.4GHz和5GHz频段）两种。再根据采用的传输技术进一步细分。

（二）按业务类型的不同分

根据业务类型的不同来分，可以分为面向连接的业务和面向非连接的业务两类。面向连接的业务主要用于传输语音等实时性较强的业务，一般采用基于TDMA和ATM的技术，主要标准有HiPerLAN2和蓝牙等。面向非连接的业务主要用于传输高速数据，通常采用基于分组和IP的技术，这类WLAN以IEEE 802.11x标准最为典型。当然，有些标准可以适用于面向连接的业务和面向非连接的业务，采用的是综合语音和数据的技术。

此外，按网络拓扑和应用要求的不同，还可以分为对等式、基础结构式和接入、中继等。

三、无线局域网的物理结构

无线局域网的物理组成或物理结构主要包括以下几个部分：站、无线介质、基站或接入点和分布式系统等。

（一）站（STA）

站（点）也称主机或终端，是 WLAN 的最基本组成单元。网络就是进行站间数据传输的，通常把连接在 WLAN 中的设备称为站。站在 WLAN 中通常用作客户端，它是具有无线网络接口的计算设备。它包括以下几部分：

1. 终端用户设备

终端用户设备是站与用户的交互设备。这些终端用户设备可以是台式计算机、便携式计算机和掌上电脑等，也可以是其他智能终端设备，如 PDA 等。

2. 无线网络接口

无线网络接口是站的重要组成部分，它负责处理从终端用户设备到无线介质间的数字通信，一般采用调制技术和通信协议的无线网络适配器（无线网卡）或调制解调器（Modem）。无线网络接口与终端用户设备之间通过计算机总线（如 PCI）或接口（如 RS－232、USB）等相连，并由相应的软件驱动程序提供客户应用设备或网络操作系统与无线网络接口之间的联系。

通常把 WLAN 所能覆盖的区域范围称为服务区域（Service Area，SA），而把由 WLAN 中移动站的无线收发信机及地理环境所确定的通信覆盖区域称为基本服务区（Basic Service Area，BSA）。考虑到无线资源的利用率和通信技术等因素，BSA 不可能太大，通常在 100m 以内，也就是说同一 BSA 中的移动站之间的距离应小于 100m。

（二）无线介质（WM）

无线介质是无线局域网中站与站之间、站与接入点之间通信的传输媒介。这里所说的介质为空气。空气是无线电波和红外线传播的良好介质。

通常，由无线局域网物理层标准定义无线局域网中的无线介质。

（三）无线接入点（AP）

无线接入点（简称接入点）类似蜂窝结构中的基站，是 WLAN 的重要组成单元。无线接入点是一种特殊的站，它通常处于 BSA 的中心，固定不动。其基本功能有以下几种：①作为接入点，完成其他非 AP 的站对分布式系统的接入访问和同一 BSS 中的不同站间的通信关联。②作为无线网络和分布式系统的桥接点完成 WLAN 与分布式系统间的桥接功能。③作为 BSS 的控制中心完成对其他非 AP 的站的控制和管理。

无线接入点是具有无线网络接口的网络设备，至少要包括以下几部分：①与分布式系统的接口（至少一个）。②无线网络接口（至少一个）和相关软件。③桥接软件、接入控制软件、管理软件等 AP 软件和网络软件。

无线接入点也可以作为普通站使用，称为 AP Client。WLAN 中的接入点也可以是各种类型的，如 IP 型的和无线 ATM 型的。无线 ATM 型的接入点与 ATM 交换机的接口为移动网络与网络接口（MNNI）。

（四）分布式系统（DS）

环境和主机收发信机特性能够限制一个基本服务区所能覆盖区域的范围。为了能覆盖更大的区域，就需要把多个基本服务区通过分布式系统连接起来，形成一个扩展业务区（Ex－tended Service Area，ESA），而通过 DS 互相连接起来的属于同一个 ESA 的所有主机构成了一个扩展业务组（Extended Service Set，ESS）。

分布式系统（Wireless Distribution System，WDS）就是用来连接不同基本服务区的通信通道，称为分布式系统媒体（Distribution System Medium，DSM）。分布式系统媒体可以是有线信道，也可以是频段多变的无线信道。这为组织无线局域网提供了充分的灵活性。

通常，有线 DS 系统与骨干网都采用有线局域网（如 IEEE 802.3）。而无线分布式系统使用 AP 间的无线通信（通常为无线网桥）将有线电缆取而代之，从而实现不同 BSS 的连接。分布式系统通过入口与骨干网相连。无线局域网与骨干网（通常是有线局域网，如 IEEE 802.3）之间相互传送的数据都必须经过 Portal，通过 Portal 就可以把无线局域网和骨干网连接起来。

第二节 无线个域网与蓝牙技术

一、无线个域网的系统构成

当今时代，由于外围设备逐渐增多，用户不仅要在自己的计算机上连接打印机、扫描器、调制解调器等外围设备，有时还要通过 USB 接口将数码相机中的相片传输并存储到硬盘中去。不可否认，这些新技术的新用途给用户带来新体验，但是频繁地插拔某一接口、在计算机上缠绕无序的各种接线等也造成了很多不便。此外，企业内部各部门工作人员之间的信息传递对现代化企业中信息传送的移动化提出了更高的要求。在一间不大的办公室里组成有线局域网以实现信息和设备共享十分必要，无线个域网（Wireless Personal Area Network，WPAN）的产生很好地解决了密密麻麻的布线问题。WPAN 系统通常都由以下几个层面构成。

（一）应用软件和程序

该层面由驻留在主机上的软件模块组成，控制 WPAN 模块的运行。

（二）固件和软件栈

该层面管理链接的建立，并规定和执行 QoS 要求。这个层面的功能常常在固件和软件中实现。

（三）基带装置

该层面负责数据传送所需的数字数据处理，其中包括编码、封包、检错和纠错。基带还定义装置运行的状态，并与主控制器接口（Host Controller Interface，HCI）交互作用。

（四）无线电

该层面链接经 D/A（数－模）和 A/D（模－数）变换处理的所有输入/输出数据。它接收来自和到达基带的数据，并且还接收来自和到达天线的模拟信号。

二、无线个域网的分类

无线个域网（WPAN）的应用范围越来越广泛，涉及的关键技术也越来越丰富。通常人们按照传输速率将无线个域网的关键技术分为三类：低速 WPAN（LR－WPAN）技术、高速 WPAN 技术和超高速 WPAN 技术。

（一）低速 WPAN（LR－WPAN）

IEEE 802.15.4 包括工业监控和组网、办公和家庭自动化与控制、库存管理、人机接口装置以及无线传感器网络等。低速 WPAN 就是以 IEEE 802.15.4 为基础，为近距离联网设计的。

由于现有无线解决方案成本仍然偏高，而有些应用无须 WLAN，甚至不需要蓝牙系统那样的功能特性，LR－WPAN 的出现满足了市场需要。LR－WPAN 可以用于工业监测、办公和家庭自动化、农作物监测等方面。在工业监测方面，主要用于建立传感器网络、紧急状况监测、机器检测；在办公和家庭自动化方面，用于提供无线办公解决方案，建立类似传感器疲劳程度监测系统，用无线替代有线连接 VCR、计算机外设、游戏机、安全系统、照明和空调系统；在农作物监测方面，用于建立数千个 LR－WPAN 节点装置构成的网状网，收集土地信息和气象信息，农民利用这些信息可获取较高的农作物产量。

与 WLAN 和其他 WPAN 相比，LR－WPAN 具有结构简单、数据率较低、通信距离近、功耗低等特点，可见其成本自然也较低。

除了上述特点外 LR－WPAN 在诸如传输、网络节点、位置感知、网络拓扑、信息类型等其他方面还有独特的技术特性。

（二）高速 WPAN

在 WPAN 方面，蓝牙（IEEE 802.15.1）是第一个取代有线连接工作在个人环境下各种电器的 WPAN 技术，但是数据传输的有效速率仅限于 1Mb/s 以下。

首先，高速 WPAN 适合大量多媒体文件、短时间内视频流和 MP3 等音频文件的传送。利用高速 WPAN 传送一幅图片只需 1s 时间。而高速 WPAN 还用于视频或多媒体传输，如摄像机编码器与 TV/投影仪/个人存储装置间的高速传送，便携式装置之间的计算机图形交换等。

其次，在个人操作环境中，高速 WPAN 能在各种电器装置之间实现多媒体连接。高速 WPAN 传送距离短，目前界定的数据率为 55Mb/s。网络采用动态拓扑结构，采用便携式装置能够在极短的时间内（小于 1s）加入或脱离网络。

（三）超高速 WPAN

在人们的日常生活中，随着无线通信装置的急剧增长，人们对网络中各种信息传送提出了速率更高、内容更快的需求，而 IEEE 802.15.3 高速 WPAN 渐渐地不能满足这一需求。

随后，IEEE 802.15.3a 工作组提出了更高数据率的物理层标准，用以替代高速 WPAN 的物理层，这样就形成了更强大的超高速 WPAN 或超宽带（UWB）WPAN。超高速 WPAN 可支持 110－480Mb/s 的数据率。

IEEE 802.15.3a 超高速 WPAN 通信设备工作在 3.1－10.6GHz 的非特许频段，EIRP 为－41.3dBW/MHz。它的辐射功率低，低辐射功率可以保证通信装置不会对特许业务和其他重要的无线通信产生严重干扰。

三、蓝牙技术

随着计算机网络和移动电话技术的迅猛发展，人们越来越迫切需要发展一定范围内的无线数据与语言通信。现在，便携的数字处理设备已成为人们日常生活和办公的必需品，这些设备包括笔记本电脑、个人数字助理、外围设备、手机和客户电子产品等。这些设备之间的信息交换还大都依赖于电缆的连接，使用非常不方便。蓝牙就是为了满足人们在个人区域的无线连接而设计的。

（一）蓝牙技术的特点

蓝牙技术利用短距离、低成本的无线连接代替了电缆连接，从而为现存的数据网络和小型的外围设备接口提供了统一的连接。它具有优越的技术性能，具体如下所示。

1. 开放性

"蓝牙"是一种开放的技术规范，该规范完全是公开的和共享的。为鼓励该项技术的应用推广，SIG 在其建立之初就奠定了真正的完全公开的基本方针。与生俱来的开放性赋予了蓝牙强大的生命力。从它诞生之日起，蓝牙就是一个由厂商们自己发起的技术协议，完全公开，并非某一家独有和保密。只要是 SIG 的成员，都有权无偿使用蓝牙的新技术，而蓝牙技术标准制定后，任何厂商都可以无偿地拿来生产产品，只要产品通过 SIG 组织的测试并符合蓝牙标准后，产品即可投入市场。

2. 通用性

蓝牙设备的工作频段选在全世界范围内都可以自由使用的 2.4GHz 的 ISM（工业、科学、医学）频段，这样用户不必经过申请便可以在 2400－2500MHz 范围内选用适当的蓝牙无线电设备。这就消除了"国界"的障碍，而在蜂窝式移动电话领域，这个障碍已经困扰用户多年。

3. 短距离、低功耗

蓝牙无线技术通信距离较短，蓝牙设备之间的有效通信距离大约为 10－100m，消耗功率极低，所以更适合于小巧的、便携式的、由电池供电的个人装置。

4. 无线"即连即用"

蓝牙技术最初是以取消连接各种电器之间的连线为目标的。主要面向网络中的各种数据及语音设备，如 PC、PDA、打印机、传真机、移动电话、数码相机等。蓝牙通过无线的方式将它们连成一个围绕个人的网络，省去了用户接线的烦恼，在各种便携式设备之间实现无缝的资源共享。任意"蓝牙"技术设备一旦搜寻到另一个"蓝牙"技术设备，马上就可以建立联系，而无需用户进行任何设置，可以解释成"即连即用"。

5. 抗干扰能力强

ISM 频段是对所有无线电系统都开放的频段，因此，使用其中的某个频段都会遇到不可预测的干扰源，例如，某些家电、无绳电话、汽车库开门器、微波炉等，都可能是干扰。为此，蓝牙技术特别设计了快速确认和跳频方案以确保链路稳定。跳频是蓝牙使用的关键技术之一。建立链路时，蓝牙的跳频速率为 3200 跳/s；传送数据时，对应单时隙包，蓝牙的跳频速率为 1600 跳/s；对于多时隙包，跳频速率有所降低。采用这样高的跳频速率，使得蓝牙系统具有足够高的抗干扰能力，且硬件设备简单、性能优越。

6. 支持语音和数据通用

蓝牙的数据传输速率为 1Mb/s，采用数据包的形式按时隙传送，每时隙

0.625μs。蓝牙系统支持实时的同步定向连接和非实时的异步不定向连接，支持一个异步数据通道、3个并发的同步语音通道。每一个语音通道支持64kb/s的同步话音，异步通道支持最大速率为721kb/s，反向应答速率为57.6kb/s的非对称连接，或者是速率为432.6kb/s的对称连接。

7. 组网灵活

蓝牙根据网络的概念提供点对点和点对多点的无线连接，在任意一个有效通信范围内，所有的设备都是平等的，并且遵循相同的工作方式。基于TDMA原理和蓝牙设备的平等性，任一蓝牙设备在主从网络和分散网络中，既可做主设备，又可做从设备，还可同时既是主设备又是从设备。因此，在蓝牙系统中没有从站的概念。另外，所有的设备都是可移动的，组网十分方便。

8. 软件的层次结构

与许多通信系统一样，蓝牙的通信协议采用层次式结构，其程序写在一个9nm×9nm的微芯片中。其低层为各类应用所通用，高层则视具体应用而有所不同，大体可分为计算机背景和非计算机背景两种方式，前者通过主机控制接口（Host Control Interface，HCI）实现高、低层的连接，后者则不需要HCI。层次结构使其设备具有最大的通用性和灵活性。根据通信协议，各种蓝牙设备在任何地方，都可以通过人工或自动查询来发现其他蓝牙设备，从而构成主从网和分散网，实现系统提供的各种功能，使用起来十分方便。

（二）蓝牙核心协议

蓝牙设备之间的连接与通信是蓝牙技术最为核心的问题，而要做好连接与通信，必须管理好这些活动的软件。与蓝牙有关的各种软件都是按照各种进程或过程的标准化协议编制而成。协议是各个蓝牙设备进行连接、数据传输、定位、交互操作的依据。众多的协议在为蓝牙设备服务中形成一个整体。有些协议是蓝牙所独有的，它们专为蓝牙产品服务；有些协议是其他的技术或应用中已有的，例如TCP/IP，它们在寻找并扩大自己的应用领域时，发现还能用于蓝牙通信。

蓝牙核心协议就是包括SIG开发的蓝牙专有协议，是蓝牙SIG工程师专门为蓝牙开发的协议，它应用于蓝牙应用的每个规范，为应用程序提供传送和链路管理功能。

1. 基带协议

基带协议确保蓝牙微微网内各蓝牙设备单元之间建立链路的物理RF连接。基带协议提供两种不同的物理链路，一种是同步面向连接（Synchronous Connection-Oriented，SCO）链路；另一种是异步无连接（Asynchronous Coition-less，ACL）链路。而且在同一射频上可实现多路数据传送。ACL适用于数据分组，其特点是可靠性好，但有延时；SCO 适用于话音以及话音与数据的组合，其特点是实时性好，但可靠性比 ACL 差。

2. 链路管理协议

链路管理协议（LMP）是基带协议的直接上层，它是蓝牙模块承上启下的重要成员。它主要用来控制和处理待发送数据分组的大小；管理蓝牙单元的功率模式及其在蓝牙网中的工作状态以及控制链路和密钥的生成、交换和使用。

3. 逻辑链路控制和适配协议

逻辑链路管理控制和适配协议 L2CAP 是位于基带协议之上的协议。它与 LMP 并行工作，共同传送往来基带层的数据。L2CAP 和 LMP 主要区别是 L2CAP 为上层提供服务，LMP 不为上层提供服务。基带协议支持 SCO 和 ACL 链路，而 L2CAP 仅支持 ACL 链路。L2CAP 的主要功能是协议的复用能力、分组的重组和分割、组提取。L2CAP 的分组数据最长达 64KB。ACL 净荷头中有 2 位 L－CH 字段，用于区分 L2ACP 分组和 LMP 协议。

4. 服务发现协议

服务发现协议（SDP）的主要功能是能让两个不同的蓝牙设备相识并建立连接，为蓝牙的应用规范打下基础。SDP 的功能决定了蓝牙环境下的服务发现与传统网络下的服务发现有很大不同。SDP 能够为客户提供查询服务，允许特殊行为所需的查询。SDP 能根据服务的类型提供相应的服务。SDP 能在不知道服务特征的条件下提供浏览服务。SDP 能为发射设备服务，并对服务类型和属性提供唯一标识。SDP 还能让一个设备客户直接发现另外设备上的服务。

（三）蓝牙技术的应用

蓝牙技术的应用非常广泛而且极具潜力，它可以改变人们的生活方式，提高生活质量；也可以解放人的双手，为生活增添无限精彩。从目前来看，由于蓝牙在小体积、低功耗方面的突出表现，它几乎可以被集成到任何的数字设备中。蓝牙技术具有广阔的应用领域。

1. 实现"名片"及其他重要个人信息的交换

在 20 世纪 90 年代中期，未来的人们在交往中无须手持名片互相交换，只需穿上带有 CPU 芯片的皮鞋和戴上附有传感器的手表就可在双方握手的一瞬间互相传递个人的全部信息，从而取代名片的交换。

如今，蓝牙技术的出现，让这一切成为现实。使用蓝牙技术，无须穿戴特制的皮鞋和手表，也不必两手紧握，只需将手机轻轻一按就可以实现名片的交换。其简单方便程度远远超出了某些未来学家的大胆想象。

2. 实现数字化家园（E-home）

目前厂家生产的家用电脑已具有愈来愈高的智能，例如，具有语音识别、手写识别、指纹识别等，但若要成为家庭的智能控制中心，真正实现数字化家园，需要有蓝牙技术的支持。

使用蓝牙技术，可以把家用电脑与其他数字设备（如数码相机、打印机、移动电话、PDA、家庭影院、空调机等）有机地接在一起，形成"家庭微网"，从而使人们真正享受到数字化家园的方便、高效与自在。

3. 更好地实现"因特网随身带"

通过 WAP 技术可以实现移动互联，但是有其不足之处。例如，由于显示屏幕大小，对长信息的浏览很不方便。

利用蓝牙技术，可以把 WAP 手机与笔记本电脑连接起来，从而很好地解决这个矛盾。既可实现移动互联，又不影响对长信息的浏览。

蓝牙设备就像一个"万能遥控器"，将传统电子设备的一对一的连接变为一对多的连接。蓝牙技术自倡导以来，迅速风靡全球，以低成本的近距离无线连接为基础，为固定与移动设备通信环境建立一个特别连接。

通俗讲，就是蓝牙技术使得现代一些轻易携带的移动通信设备和电脑设备，不必借助电缆就能联网，并且能够实现无线上因特网。蓝牙技术的实际应用范围还可以拓展到各种家电产品、消费电子产品和汽车等，组成一个巨大的无线通信网络。

第三节　无线传感器网络技术

一、无线传感器网络概述

无线传感器网络（Wireless Sensor Network，WSN）是一门交叉性学科，涉及计算机、微机电系统、网络通信、信号处理、自动控制等诸多领域，集分布式信息采集、信息传输和信息处理于一体。它是由一组传感器以 AdHoc（点对点）方式构成的无线网络，其目的是协作地感知、采集和处理网络覆盖的地理区域中感知对象的信息，并将这些信息发布给需要的用户。无线传感器网络由许多个功能相同或者不同的无线传感器节点组成，它的基本组成单元是节点，这些节点集成了传感器、微处理器、无线接口和电源 4 个模块。无线传感器网络是由无线传感器节点（也就是图中的监测节点）、汇聚节点、传输网络和管理节点（远程监控中心）组成。因此，无线传感器网络也可以理解成由部署在监测区域内大量的廉价微型传感器节点组成,通过无线通信方式形成的一个多跳自组织网络。

大量传感器节点随机部署在监测区域内部或者附近,能够通过自组织方式构成网络。传感器节点对监测目标进行检测,获取的数据经本地简单处理后再通过邻近传感器节点采用多跳的方式传输到汇聚节点,最后通过传输网络到达管理节点,用户通过管理节点对传感器网络进行配置和管理。

汇聚节点处理能力、存储能力和通信能力相对来说比较强,它既可以是一个具有足够能量供给和更多内存资源与计算能力的增强型传感器节点,也可以是一个带有无线通信接口的特殊网管设备。汇聚节点是感知信息的接受者和应用者,从广义的角度来说,汇聚节点可以是人,也可以是计算机或其他设备。例如,军队指挥官可以是传感器网络的汇聚节点;一个由飞机携带的移动计算机也可以是传感器网络的汇聚节点。在一个传感器网络中,汇聚节点可以有一个或多个,一个汇聚节点也可以是多个传感器网络的用户。

汇聚节点有两种工作模式:一种是主动式,工作于该模式的汇聚节点周期性扫描网络和查询传感器节点从而获得相关的信息;另一种是响应式,工作于该模式的汇聚节点通常处于休眠状态,只有传感器节点发出的感兴趣事件或消息触发才开始工作,一般来说,响应式工作模式较为常用。

二、无线传感器网络的特点

无线传感器网络作为一种新型的信息获取系统,具有极其广阔的应用前景。在民用领域,无线传感器网络可用于探测、空中交通管制、道路交通监视、工业生产自动化、分布式机器人、生态环境监测、住宅安全监测等方面;在军事领域,无线传感器网络主要应用于国土安全、战场监视、战场侦察、目标定位、目标识别、目标跟踪等方面。与目前各种现有网络相比,无线传感器网络具有以下显著特点。

(一) 自组织性

在传感器网络应用中,通常传感器节点放置在没有基础结构设施的地方。通常网络所处物理环境及网络自身有很多不可预测因素,传感器节点的位置有时不能预先精确设定,节点之间的相互邻居关系预先也不知道,如通过飞机将传感器节点播撒到面积广阔的原始森林,或随意放置到人员不可到达或危险的区域。

由于传感器网络的所有节点的地位都是平等的,没有预先指定的中心,各节点通过分布式算法来相互协调。在无人值守的情况下,节点就能自动组织起一个探测网络。正因为没有中心,网络便不会因为单个节点的脱离而受到损害。

以上因素要求传感器节点具有自组织的能力，能够自动地进行配置和管理，通过拓扑控制机制和网络协议，自动形成转发监测数据的多跳无线网络系统。

在传感器网络的使用过程中，部分传感器节点由于能量耗尽或环境因素造成失效，也有一些节点为了弥补失效节点、增加监测精度而补充到网络中，这样在传感器网络中的节点个数就动态地增加或减少，从而使网络的拓扑结构随之动态变化。传感器网络的自组织性要适应这种网络拓扑结构的动态变化。

（二）以数据为中心

目前的互联网是先有计算机终端系统，然后再互联成为网络，终端系统可以脱离网络独立存在。在因特网中网络设备是用网络中唯一的 IP 地址来标识，资源定位和信息传输依赖于终端、路由器和服务器等网络设备的 IP 地址。如果希望访问因特网中的资源，首先要知道存放资源的服务器 IP 地址，可以说目前的因特网是一个以地址为中心的网络。

传感器网络是任务型的网络，脱离传感器网络谈论传感器节点是没有任何意义的。传感器网络中的节点采用节点编号标识，节点编号是否需要全网唯一，这取决于网络通信协议的设计。

由于传感器节点属于随机部署，构成的传感器网络与节点编号之间的关系是完全动态的，表现为节点编号与节点位置没必然的联系。用户使用传感器网络查询事件时，直接将所关心的事件通告给网络，而不是通告给某个确定编号的节点。网络在获得指定事件的信息后汇报给用户。这种以数据本身作为查询或传输线索的思想，更接近于自然语言交流的习惯，因此说传感器网络是一个以数据为中心的网络。

无线传感器网络更关心数据本身，如事件、事件和区域范围等，并不关注是哪个节点采集的。例如，在目标跟踪的传感器网络中，跟踪目标可能出现在任何地方，对目标感兴趣的用户只关心目标出现的位置和时间，并不必关心哪个节点监测到目标。事实上，在目标移动的过程中，必然是由不同的节点提供目标的位置消息。

（三）应用相关性

传感器网络用来感知客观物理世界，获取物理世界的信息量。客观世界的物理量多种多样，不可穷尽。不同的传感器网络应用关心不同的物理量，因此，对传感器的应用系统也有多种多样的要求。

不同的应用背景对传感器网络的要求不同，它们的硬件平台、软件系统和网络协议会有所差别。因此，传感器网络不可能像因特网那样，存在统一的通信协议平台。不同的传感器网络应用虽然存在一些共性问题，但在开发传感器网络应用系统时，人们更关心传感器网络的差异。只有让具体系统更贴近于应用，才能符合用户的需求和兴趣点。针对每一个具体应用来研究传感器网络技术，这是传感器网络设计不同于传统网络的显著特征。

（四）动态性

下列因素可能会导致传感器网络的拓扑结构随时发生改变，而且变化的方式与速率难以预测：环境因素或电能耗尽造成的传感器节点出现故障或失效。环境条件变化可能造成无线通信链路带宽变化，甚至时断时通。传感器网络的传感器、感知对象和观察者这三要素都可能具有移动性。新节点的加入。由于传感器网络的节点是处于变化的环境，它的状态也在相应地发生变化，加之无线通信信道的不稳定性，网络拓扑因而也在不断地调整变化，而这种变化方式是无人能准确预测出来的。这就要求传感器网络系统要能够适应这种变化，具有动态的系统可重构性。

（五）网络规模大

为了获取精确信息，在监测区域通常部署大量的传感器节点，传感器节点数量可能达到成千上万。传感器网络的大规模性包括两方面含义：一方面是传感器节点分布在很大的地理区域内，例如，在原始森林采用传感器网络进行森林防火和环境监测，需要部署大量的传感器节点；另一方面，传感器节点部署很密集，在一个面积不是很大的空间内，密集部署了大量的传感器节点，实现对目标的可靠探测、识别与跟踪。

传感器网络的大规模性具有如下优点：通过不同空间视角获得的信息具有更大的信噪比；分布式地处理大量的采集信息，能够提高监测的精确度，降低对单个节点传感器的精度要求；大量冗余节点的存在，使得系统具有很强的容错性能；大量节点能增大覆盖的监测区域，减少探测遗漏地点或者盲区。

（六）可靠性

传感器网络特别适合部署在恶劣环境或人员不能到达的区域，传感器节点可能工作在露天环境中，遭受太阳的暴晒或风吹雨淋，甚至遭到无关人员或动物的破坏。传感器节点往往采用随机部署，如通过飞机撒播或发射炮弹到指定区域进行部署。这些都要求传感器节点非常坚固，不易损坏，适应各种恶劣环境条件。

无线传感器网络通过无线电波进行数据传输，虽然省去了布线的烦恼，但是相对于有线网络，低带宽则成为它的天生缺陷。同时，信号之间还存在相互干扰，信号自身也在不断地衰减，网络通信的可靠性也是不容忽视的。

另外，由于监测区域环境的限制以及传感器节点数目巨大，不可能人工

"照顾"到每个节点，网络的维护十分困难甚至不可维护。传感器网络的通信保密性和安全性也十分重要，防止监测数据被盗取和收到伪造的监测信息。因此，传感器网络的软硬件必须具有鲁棒性和容错性。

三、无线传感器网络的关键技术

（一）无线传感器网络的路由协议

路由协议是无线传感器网络层的主要功能，设计有效的路由协议来提高通信连通性、降低能量消耗、延长网络生存时间成为无线传感器网络的核心问题之一。另外，路由协议的安全又是构建整个网络安全的重要和关键的一环，因此，设计高效和安全的无线传感器网络的路由协议始终是该领域的热点问题。

1. 无线传感器网络路由协议的分类

针对不同的传感器网络应用，研究人员提出了不同的路由协议。但到目前为止，仍缺乏一个完整和清晰的路由协议分类。从具体应用的角度出发，根据不同应用对传感器网络各种特性的敏感度不同，将路由协议分为以下四种类型。

（1）能量感知路由协议

高效利用网络能量是传感器网络路由协议的一个显著特征，早期提出的一些传感器网络路由协议往往仅考虑了能量因素。为了强调高效利用能量的重要性，在此将它们划分为能量感知路由协议。能量感知路由协议从数据传输中的能量消耗出发，讨论最优能量消耗路径以及最长网络生存期等问题。

（2）基于查询的路由协议

在诸如环境检测、战场评估等应用中，需要不断查询传感器节点采集的数据，汇聚节点（查询节点）发出任务查询命令，传感器节点向查询节点报告采集的数据。在这类应用中，通信流量主要是查询节点和传感器节点之间的命令和数据传输，同时传感器节点的采样信息在传输路径上通常要进行数据融合，通过减少通信流量来节省能量。

（3）地理位置路由协议

在诸如目标跟踪类应用中，往往需要唤醒距离跟踪目标最近的传感器节点，以得到关于目标的更精确位置等相关信息。在这类应用中，通常需要知道目的节点的精确或者大致地理位置，把节点的位置信息作为路由选择的依据，不仅能够完成节点路由功能，还可以降低系统专门维护路由协议的能耗。

（4）可靠的路由协议

无线传感器网络的某些应用对通信的服务质量有较高要求，如可靠性和实时性等。而在无线传感器网络中，链路的稳定性难以保证，通信信道质量比较低，拓扑变化比较频繁，要实现服务质量保证，需要设计相应的可靠的路由协议。

2. 无线传感器网络路由协议的特点

与传统网络的路由协议相比，无线传感器网络的路由协议具有以下特点。

(1) 能量优先

传统路由协议在选择最优路径时，很少考虑节点的能量消耗问题。而无线传感器网络中节点的能量有限，延长整个网络的生存期成为传感器网络路由协议设计的重要目标，因此，需要考虑节点的能量消耗以及网络能量均衡使用的问题。

(2) 基于局部拓扑信息

无线传感器网络为了节省通信能量，通常采用多跳的通信模式，而节点有限的存储资源和计算资源，使得节点不能存储大量的路由信息，不能进行太复杂的路由计算。在节点只能获取局部拓扑信息和资源有限的情况下，如何实现简单高效的路由机制是无线传感器网络的一个基本问题。

(3) 应用相关

无线传感器网络的应用环境千差万别，数据通信模式不同，没有一个路由机制适合所有的应用，这是无线传感器网络应用相关性的一个体现。设计者需要针对每一个具体应用的需求，设计与之适应的特定路由机制。

3. 无线传感器路由协议的性能指标

无线传感器网络的路由协议不同于传统无线网络的路由协议，由于应用行业和应用场所的差异，使网络的路由算法的采用和路由协议的设计也颇具特点。为了评价路由协议设计的优劣，可以使用性能衡量指标来进行描述。

无线传感器网络中路由协议的设计目标是：使用积极有效的能量管理技术来延长网络生命周期；提高路由的容错能力，形成可靠数据转发机制。评价一个无线传感器网络路由设计性能的好坏，一般包含网络生命周期、传输延迟、路径容错性、可扩展性等性能指标。

(1) 网络生命周期

网络生命周期是指无线传感器网络从开始正常运行到第 1 个节点由于能量耗尽而退出网络所经历的时间。

(2) 低延时性

低延时性是指网关节点发出数据请求到接收返回数据的时间延迟。

(3) 鲁棒性

一个系统的鲁棒性是该系统在异常和危险情况下系统生存的能力；系统在一定的参数摄动下，维持性能稳定的能力。无线传感器网络中路由协议也应具有鲁棒性。具体地讲，就是路由算法应具备自适应性和容错性，在部分传感节点因为能源耗尽或环境干扰而失效，不应影响整个网络的正常运行。

（4）可扩展性

网络应该能够方便地进行规模扩展，传感器节点群的加入和退出都将导致网络规模的变动，优良的路由协议应该体现很好的扩展性。

（二）无线传感器网络的时间同步技术

无线传感器网络是一种新的分布式系统。节点之间相互独立并以无线方式通信，每个节点维护一个本地计时器，计时信号一般由廉价的晶体振荡器（简称晶振）提供。由于晶体振荡器制造工艺的差别，并且其在运行过程中易受到电压、温度以及晶体老化等多种偶然因素的影响，每个晶振的频率很难保持一致，进而导致网络中节点的计时速率总有偏差，造成了网络节点时间的失步。为了维护节点本地时间的一致性，必须进行时间同步操作。

1. 时间同步的分类

（1）排序、相对同步与绝对同步

最简单的时间同步需求是能够实现对事件的排序，也就是实现对事件发生的先后顺序的判断。第二个层次称为相对同步：节点维持其本地时钟的独立运行，动态获取并存储它与其他节点之间的时钟偏移和时钟飘移。根据这些信息，实现不同节点本地时间值之间的相互转换，达到时间同步的目的。可以看出：相对同步并不直接修改节点本地时间，保持了本地时间的连续运行。RBS（Reference Broadcast Synchronization）是其典型代表。第三个层次为绝对同步：节点的本地时间和参考基准时间保持时刻一致，因此，除了正常的计时过程对节点本地时间进行修改外，节点本地时间也会被时间同步协议所修改。

（2）外同步与内同步

外同步是指同步时间参考源来自网络外部。典型外同步的例子为：时间基准节点通过外接 GPS 接收机获得 UTC（Universal Time Coordinated）时间，而网内的其他节点通过时间基准节点实现与 UTC 时间的间接同步；或者为每个节点都外接 GPS 接收机，从而实现与 UTC 时间的直接同步。内同步则是指同步时间参考源来源于网络内部，例如，为网内某个节点的本地时间。

（3）局部同步与全网同步

根据不同应用的需要，若需要网内所有节点时间的同步，则称为全网同步。某些例如事件触发类应用，往往只需要部分与该事件相关的节点同步即可，这称为局部同步。

2. 时间同步技术的应用

时间同步是无线传感器网络的基本中间件，不仅对其他中间件而且对各种应用都起着基础性作用，一些典型的应用如下所示。

(1) 多传感器数据压缩与融合

当传感器节点密集分布时，同一事件将会被多个传感器节点接收到。如果直接把所有的事件都发送给基站节点进行处理，将造成对网络带宽的浪费。此外，由于通信开销远高于计算开销，因此，对一组邻近节点所侦测到的相同事件进行正确识别，并对重复的报文进行信息压缩后再传输将会节省大量的电能。为了能够正确地识别重复报文，可以为每个事件标记一个时间戳，通过该时间戳可达到对重复事件的鉴别。时间同步越精确，对重复事件的识别也会更有效。

数据融合技术可在无线传感器网络中得到充分发挥，融合近距离接触目标的分布式节点中多方位和多角度的信息可以显著提高信噪比，缩小甚至有可能消除探测区域内的阴影和盲点。但这有一个基本前提：网络中的节点必须以一定精度保持时间同步，否则根本无法实施数据融合。例如，将一组时间序列融合成为对动物行进速度和方向的估计，这是需要建立在时间同步基础上的。

(2) 低功耗 MAC 协议

被动监听无线信道的功耗与主动发送分组的功耗是相当的。因此，无线传感器网络 MAC 层协议设计的一个基本原则是尽可能地关闭无线通信模块，只在无线信息交换时短暂唤醒它，并在快速完成通信后，重新进入休眠状态，以节省宝贵的电能。如果 MAC 协议采用最直接的时分多路复用策略，利用占空比的调节便可实现上述目标，但需要参与通信的双方首先实现时间同步，并且同步精度越高，防护频带越小，相应的功耗也越低。因此，高精度的时间同步是低功耗 MAC 协议的基础。

(3) 测距定位

定位功能是许多典型的无线传感器网络应用的必需条件，也是当前的一项研究热点。易于想象：如果网络中的节点保持时间同步，则声波在节点间的传输时间很容易被确定。由于声波在一定介质中的传播速度是确定的，因此，传输时间信息很容易转换为距离信息。这意味着，测距的精度直接依赖于时间同步的精度。

(4) 分布式系统的传统要求

前面结合传感器网络的特殊性讨论了时间同步的重要性。就一般意义的分布式系统而言，时间同步在数据库查询、保持状态一致性和安全加密等应用领域也是不可缺少的关键机制。

(5) 协作传输的要求

通常来说，由于无线传感器网络节点的传输功率有限，不能和远方基站

(如卫星）直接通信，直接放置大功率的节点有时是困难甚至不可能的。因此，提出了协作传输，其基本思想为：网络内多个节点同时发送相同的信息，基于电磁波的能量累加效应，远方基站将会接收到一个瞬间功率很强的信号，从而实现直接向远方节点传输信息的目的。当然，要实现协作传输，不仅需要新型的调制和解调方式，而且精确的时间同步也是基本前提。

（三）无线传感器网络的节点定位技术

1. 节点定位的基本概念

节点定位机制是指依靠有限的位置已知节点，确定布设区中其他节点的位置，在传感器节点间建立起空间关系的机制。

与传统计算机网络相比，无线传感器网络在计算机软硬件所组成计算世界与实际物理世界之间建立了更为紧密的联系，高密度的传感器节点通过近距离观测物理现象极大地提高了信息的"保真度"。在大多数情况下，只有结合位置信息，传感器获取的数据才有实际意义。以温度测量为例，如果不考虑原始数据产生的位置，我们只能将所有节点测得的数据进行平均，得出某个时刻监测区的平均温度；如果结合节点的位置信息，我们则可以绘制出温度等高线，在空间上分析网络布设区内的温度分布情况。对于目标定位与跟踪这一典型应用，现有的研究都将节点位置已知作为一个前提条件。

另外，许多对无线传感器网络协议的研究也都利用了节点的位置信息。在网络层，因为无线传感器网络节点无全局标志，可以设计基于节点位置信息的路由算法；在应用层，根据节点位置，无线传感器网络系统可以智能地选择一些特定的节点来完成任务，从而降低整个系统的能耗，提高系统的存活时间。

针对不同的无线传感器网络应用，节点定位难度不尽相同。对于军事应用，节点布设有可能采取空投的方式，导致节点位置随机性非常高，系统可用的外部支持也很少；而在另外一些场合，节点布设可能相对容易，系统也可能有较多的外部支持。为了实现普适计算，国外研究了很多传感器定位系统。这样的系统一般由大量传感器以有线方式联网构成，系统的目标是确定某个区域内物体的位置。这些系统依赖于大量基础设施的支持，采用集中计算方式，不考虑节能要求。在机器人领域，也有很多关于机器人定位的研究，但这些算法一般不考虑计算复杂度及能量限制的问题。由于无线传感器网络节点成本低、能量有限、随机密集布设等特点，上述定位方法均不适用于无线传感器网络。

全球定位系统（Global Positioning System，GPS）已经在许多领域得到了应用，但为每个节点配备 GPS 接收装置是不现实的。原因主要有：GPS 接收装置费用较高；GPS 对使用环境有一定限制，如在水下、建筑物内等不能直接使用。关于节点定位技术的基本术语如下：

标节点：网络中在初始化阶段具有相对某全局坐标系的已知位置信息的节点，可以为其他节点提供位置参考标志。通常导标节点在节点总数中所占比例比较小，可以通过装备 GPS 定位设备或手工配置、确定部署等方式来预先获得位置信息。也有文献将导标节点称为"描节点"。

知节点：导标节点以外的节点就称为"未知节点"。这些节点不能预先获得位置信息，节点定位的过程就是获得这些节点的位置。也有文献将未知节点称为"盲节点"。

居节点：每个节点的通信距离范围之内的所有节点集。

网络密度：指单个节点通信覆盖区域的传感器节点平均数目，通常记为 μ (R) 若 N 个节点抛撒在面积为 A 的区域，节点通信距离为化则

节点度：节点的邻居节点数目。跳数（Hop Count）：两个节点之间的跳段总数。

跳距：两个节点之间的各跳段的距离之和。

2. 定位算法的分类

（1）基于距离的定位算法和非基于距离的定位算法

最常见的定位机制就是基于距离和非基于距离的定位算法。前者根据节点间的距离信息，结合几何学原理，解算节点位置；后者则利用节点间的邻近关系和网络连通性进行定位。

通过物理测量获得节点之间的距离或连接有向线段的夹角信息来对节点进行定位的算法，是基于测距的定位算法。不是通过周边参考节点的测距，而是利用节点的连通性和多条路由信息交换来对节点进行定位的算法就是非基于测距的定位算法。基于测距的定位算法定位精度较高，但对于硬件设备的费用支出和相关的功耗较大；总的来讲，非基于测距定位算法实施的成本较低。

（2）基于信标节点的定位算法和无信标节点的定位算法

如果使用了信标节点及信标节点数据的定位算法叫基于信标节点的定位算法，否则就是无信标节点的定位算法。基于信标节点的定位算法以信标节点为参考点，通过定位后，完成了绝对坐标系中坐标描述；无信标节点的定位算法无需其他节点的绝对坐标数据信息，只依靠节点的相对位置关系确定待定位节点的位置，这样所得出的位置信息是在相对坐标系中进行的，定位数据也是在相对坐标系中描述的。

（3）物理定位算法和符号定位算法

通过定位后得到传感器节点的物理位置的算法是物理定位算法，如获得节

点的三维坐标和方位角等；若通过定位后得到传感器节点的符号位置的算法就是符号定位算法，如获得节点的定位信息是传感器节点位于建筑物中的多少号房间。

有些应用场合适合使用符号定位算法，如建筑物特定火情监测区域中，火灾传感器的分布，使用符号定位算法就很方便；大多数定位算法都能提供物理定位信息。

（4）递增式的定位算法和并发式的定位算法

在定位的过程中，首先是从信标节点开始，对与信标节点相邻的节点进行定位，再逐渐地向远离信标节点的位置对节点进行定位，这种定位算法就是递增式的定位算法。递增式定位算法会产生较大的累积误差。如果同时性地处理节点定位信息，则是并发式的定位算法。

（5）细粒度定位算法和粗粒度定位算法

根据定位算法所需信息的粒度可将定位算法分为：细粒度定位算法和粗粒度定位算法。根据接收信号强度、时间、方向和信号模式匹配等来完成定位的被称为"细粒度定位算法"；而根据节点的接近度等来完成定位的则称为"粗粒度定位算法"。Cricket、AHlos、RADAR、LCB等都属于细粒度定位算法；而质心算法、凸规划算法等则属于粗粒度定位算法。

3. 无线传感器网络节点定位技术的研究内容

无线传感器网络主要用来监测网络部署区域中各种环境特性，比如温度、湿度、光照、声强、磁场强度、压力/压强、运动物体的加速度/速度、化学物质浓度等（不同的特性可能需要不同的传感器），但对这些传感数据在不知道相应的位置信息的情况下，往往是没有意义的。换句话说，传感器节点的位置信息在无线传感器网络的诸多应用领域中扮演着十分重要的角色。在无线传感器网络的许多应用场合，诸如水文、火灾、潮汐、生态学研究、飞行器设计等课题中，采用无线传感器网络进行信息收集和处理。传感节点主要发回所处位置的物理信息数据，如酸碱度、温度、水位、压力、风速等，这些数据必须和位置信息相捆绑才有意义，甚至有时需要传感器发回单纯的位置信息。在军事战术通信网中，位置管理和配置管理是两大课题。分布在海、陆、空、天的舰船、战车、飞行器、卫星以及单兵等临时构成了战场上的自组网。由自组网中各节点的互通信，指挥官可以完成对整个战场态势的认知和把握。节点的位置信息是作战指挥的关键依据，节点发回的战术信息无不与该节点当时所处位置有关，没有位置信息的支持，这些战术信息将没有意义。在目标跟踪应用中，结合节点感知到的运动目标的速度和节点所在位置，可以监视目标的运动路线并预测目标的运动方向。再如监测某个区域的温度，如果知道节点的位置信息就可以绘制出监测区域的等温线，在空间上分析监测区域的温度分布情况。

此外，节点位置信息还可以为其他协议层的设计提供帮助。在应用层，节点位置信息对基于位置信息选择服务的应用是不可缺少的；在通过汇聚多个传感器节点的数据获得能量保护方面，位置信息也非常重要。在网络层，位置信息与传输距离的结合，使得基于地理位置的路由算法成为可能。基于节点位置信息的路由策略能够更加有效地通过多跳在无线传感器网络中传播信息。

传感器节点通常是用飞机等工具随机地部署到监测区域中的，因此，无法预先确定节点部署后的位置，只能在部署完成后采用一定的方法进行定位。目前使用最广泛的定位系统当属全球定位系统（Global Positioning System，GPS），因此，获得节点位置的直接想法就是利用GPS来实现；但由于其在价格、功耗、适用范围以及体积等方面的制约使得很难完全应用于大规模无线传感器网络。此外，在无线传感器网络的室内应用中，GPS会由于接收不到卫星信号而失效。特别是在战争环境下，GPS卫星系统很可能被损毁，军方还可以在局部区域内增加GPS干扰信号的强度，使敌对方利用GPS时定位精度严重降低，无法用于军事行动。此外，在机器人研究领域，也有不少关于定位的研究，但所提出的一些算法一般不用关心计算复杂度问题，同时也有相应的硬件设备支持，所以也不适用于无线传感器网络。

（四）无线传感器网络的数据融合技术

由于大多数无线传感器网络应用都是由大量传感器节点构成的，共同完成信息收集、目标监视和感知环境的任务。因此，在信息采集的过程中，采用各个节点单独传输数据到汇聚节点的方法显然是不合适的。因为网络存在大量冗余信息，这样会浪费大量的通信带宽和宝贵的能量资源。此外，还会降低信息的收集效率，影响信息采集的及时性。

为避免上述问题，人们采用了一种称为数据融合（或称为数据汇聚）的技术。所谓数据融合是指将多份数据或信息进行处理，组合出更高效、更符合用户需求的数据的过程。在大多数无线传感器网络应用当中，许多时候只关心监测结果，并不需要收到大量原始数据，数据融合是处理该类问题的重要手段。

1. 数据融合的作用

在传感器网络中，数据融合起着十分重要的作用，主要表现在节省整个网络的能量、增强所收集数据的准确性以及提高收集数据的效率三个方面。

（1）节省能量

由于部署无线传感器网络时，考虑了整个网络的可靠性和监测信息的准确性（即保证一定的精度），需要进行节点的冗余配置。在这种冗余配置的情况下，监测区域周围的节点采集和报告的数据会非常接近或相似，即数据的冗余程度较高。

如果把这些数据都发给汇聚节点，在已经满足数据精度的前提下，除了使网络消耗更多的能量外，汇聚节点并不能获得更多的信息。而采用数据融合技术，就能够保证在向汇聚节点发送数据之前，处理掉大量冗余的数据信息，从而节省了网内节点的能量资源。

(2) 获取更准确的信息

传感器网络由大量低廉的传感器节点组成，部署在各种各样的环境中，从传感器节点获得的信息存在着较高的不可靠性。这些不可靠因素主要来自以下几个方面：①受到成本及体积的限制，节点配置的传感器精度一般较低。②无线通信的机制使得传送的数据更容易因受到干扰而遭破坏。③恶劣的工作环境除了影响数据传送外，还会破坏节点的功能部件，令其工作异常，报告错误的数据。

由此看来，仅收集少数几个分散的传感器节点的数据较难确保得到信息的正确性，需要通过对监测同一对象的多个传感器所采集的数据进行综合，来有效地提高所获得信息的精度和可信度。此外，由于邻近的传感器节点监测同一区域，其获得的信息之间差异性很小，如果个别节点报告了错误的或误差较大的信息，很容易在本地处理中通过简单的比较算法进行排除。

(3) 提高数据收集效率

在网内进行数据融合，可以在一定程度上提高网络收集数据的整体效率。数据融合减少了需要传输的数据量，可以减轻网络的传输拥塞，降低数据的传输延迟；即使有效数据量并未减少，但通过对多个数据分组进行合并减少了数据分组个数，可以减少传输中的冲突碰撞现象，也能提高无线信道的利用率。

2. 应用层的数据融合

无线传感器网络具有以数据为中心的特点，因此，应用层的设计需要考虑以下几点：①传感器网络可以实现多任务，应用层应该提供方便、灵活的查询提交手段。②应用层应当为用户提供一个屏蔽底层操作的用户接口，用户使用时无须改变原来的操作习惯，也不必关心数据是如何采集上来的。③由于节点通信代价高于节点本地计算的代价，应用层的数据形式应当有利于网内的计算处理，减少通信的数据量和减小能耗。

为满足上述要求，分布式数据库技术被应用于传感器网络的数据收集过程，应用层接口也采用类似 SQL（Structured Query Language）的风格。SQL在多年的发展过程中，已经证明可以在基于内容的数据库系统中工作得很好。

采用类 SQL 的语言，传感器网络可以获得以下好处：①对于用户需求的表达能力强，非常易于使用。②可以应用于任何数据类型的查询操作，能够对用户完全屏蔽底层的实现。③其表达形式非常易于通过网内处理进行查询优化；中间节点均理解数据请求，可以对接收到的数据和自己的数据进行本地运算，只提交运算结果。④便于在研究领域或工业领域进行标准化。

四、无线传感器网络的应用

无线传感器网络由于其自身的特点，其应用前景非常广阔，能够广泛应用于军事、环境监测和预报、医疗健康监测、建筑物状态监控、智能家居、智能交通、空间探索、大型车间和仓库管理，以及机场、大型工业园区的安全监测等领域。随着传感器网络的深入研究和广泛应用，无线传感器网络将逐渐深入到人类生活的各个领域。

（一）环境监测和预报系统

随着人们对于环境的日益关注，环境科学所涉及的范围越来越广泛。无线传感器网络在环境研究方面可用于监视农作物灌溉情况、土壤空气情况、牲畜和家禽的环境状况和大面积的地表监测等，可用于行星探测、气象和地理研究、洪水监测等，还可以通过跟踪鸟类、小型动物和昆虫进行种群复杂度的研究等。

基于无线传感器网络的 ALERT 系统中就有数种传感器用来监测降雨量、河水水位和土壤水分，并依此预测暴发山洪的可能性。类似地，无线传感器网络可实现对森林环境监测和火灾报告，传感器节点被随机密布在森林之中，平常状态下定期报告森林环境数据，当发生火灾时，这些传感器节点通过协同合作会在很短的时间内将火源的具体地点、火势的大小等信息传送给相关部门。

无线传感器网络还有一个重要应用就是生态多样性的描述，能够进行动物栖息地生态监测。

（二）医疗健康监测

利用传感器网络可高效传递必要的信息从而方便接受护理，而且可以减轻护理人员的负担，提高护理质量。利用传感器网络长时间的收集人的生理数据，可以加快研制新药品的过程，而安装在被监测对象身上的微型传感器也不会给人的正常生活带来太多的不便。此外，在药物管理等诸多方面，它也有新颖而独特的应用。总之，传感器网络为未来的远程医疗提供了更加方便、快捷的技术实现手段。

（三）建筑物状态监控

建筑物状态监控（Structure Health Monitoring，SHM）是利用无线传感器网络来监控建筑物的安全状态。由于建筑物不断修补，可能会存在一些安全隐患。虽然地壳偶尔的小震动可能不会带来看得见的损坏，但是也许会在支柱上产生潜在的裂缝，这个裂缝可能会在下一次地震中导致建筑物倒塌。用传统方法检查，往往要将大楼关闭数月。

（四）智能家居

无线传感器网络能够应用在家居中。在家电和家具中嵌入传感器节点，通过无线网络与 Internet 连接在一起，将会为人们提供更加舒适、方便和更具人性化的智能家居环境。

利用远程监控系统，可完成对家电的远程遥控，例如，可以在回家之前半小时打开空调，这样回家的时候就可以直接享受适合的室温，也可以遥控电饭锅、微波炉、电冰箱、电话机、电视机、录像机、计算机等家电，按照自己的意愿完成相应的煮饭、烧菜、查收电话留言、选择录制电视和电台节目以及下载网上资料到计算机中等工作，也可以通过图像传感设备随时监控家庭安全情况。

利用无线传感器网络可以建立智能幼儿园，监测孩童的早期教育环境，跟踪孩童的活动轨迹，可以让父母和老师全面地研究学生的学习过程。

（五）智能交通

通过布置于道路上的速度识别传感器，监测交通流量等信息，为出行者提供信息服务，发现违章能及时报警和记录。反恐和公共安全通过特殊用途的传感器，特别是生物化学传感器监测有害物、危险物的信息，最大限度地减少其对人民群众生命安全造成的伤害。

（六）空间探测

通过向人类现在还无法到达或无法长期工作的太空外的其他天体上设置传感器网络接点的方法，可以实现对其长时间的监测。通过这些传感器网发回的信息进行分析，可以知道这些天体的具体情况，为更好地了解、利用它们提供了一个有效的手段。

NASA 的空间探测设想，可以通过传感器网络探测、监视外星球表面情况，为人类登陆做准备，它通过火箭、太空舱或探路者进行散播。

（七）农业应用

农业是无线传感器网络使用的另一个重要领域。为了研究这种可能性，英特尔率先在俄勒冈州建立了第一个无线葡萄园。传感器被分布在葡萄园的每个角落，每隔一分钟检测一次土壤温度，以确保葡萄可以健康生长，进而获得大丰收。

  不久以后，研究人员将实施一种系统，用于监视每一传感器区域的湿度，或该地区有害物的数量。他们甚至计划在家畜（如狗）上使用传感器，以便可以在巡逻时搜集必要信息。这些信息将有助于开展有效的灌溉和喷洒农药，进而降低成本和确保农场获得高收益。

第四章　计算机安全防范策略

第一节　网络安全策略及实施

一、安全策略概述

解决网络安全问题，技术是主体，管理是灵魂。只有将有效的安全管理自始至终贯彻落实于网络安全体系当中，网络安全的可靠性、长期性和稳定性才能有所保证。而要进行有效的网络安全管理，必须根据需要建立一套科学的、系统全面的网络安全管理体系，即网络安全策略。

（一）安全策略的定义

网络安全策略可以简单地认为是一个对网络相关各种资源进行可接受使用的策略，也可以是关于连接要素和相关内容的详细文件。安全策略是对访问规则的正式陈述，所有需要访问某个机构的技术和信息准资产的人员都应该遵守这些规则。安全策略为实现网络基础设施的安全性提供安全框架，详细定义了用户允许及禁止的行为，确定了实施网络安全必要的工具和程序，对网络安全达成一致意见并由此定义各种角色，并规定了发生网络安全事件后的处理程序与方法，必要时可为法律行为提供依据。

一个企事业单位的安全策略的内容，从宏观的角度反映了该单位整体的安全思想和观念。一般而言，安全策略需要由高级管理部门负责制定，来确保网络系统运行在一种合理的安全状态下，既能满足安全需要，又不得妨碍员工和其他用户从事正常的工作。这种安全策略对于网络安全体系的建设和管理起着举足轻重的作用。所有网络安全建设的工作其实都是围绕安全策略展开的，它是制定具体策略规划的基础，并为所有其他安全策略标明应该遵循的指导方针。而这些具体的策略内容则可以通过安全标准、安全方针、安全措施等来实现。

（二）网络安全模型

在建立合适的安全策略之后，必须从方法上考虑把安全策略作为正常网络操作中的一部分，并把这种描述转化为具体的操作，如对路由器进行配置，安装防火墙，配置入侵检测系统，开发认证服务器和加密的 VPN 等。当开发并制定了安全策略后，就可以选用各种产品，采用各种技术方法来进行具体的实施。但在此之前，还需要全面了解用户需求、需要保护的内容以及网络拓扑结构。

安全策略处于网络安全模型的核心，它规定了网络系统中的各个实体在安全方面的技术要求，并定义了网络系统及管理员应该如何配置系统的安全性。

1. 保护阶段

在保护阶段，由负责组织安全的人员或部门实施安全解决方案以阻止或预防非授权访问，可采用的方法包括：

（1）身份认证和验证

这种方法规定了系统用户和管理员的主要认证机制，对每个用户身份、位置和确切登录时间的识别与映射，规定了密码的最小长度、密码的最长和最短使用期限以及对密码内容的要求等。身份认证一般和网络服务授权关联在一起。

（2）访问控制

主要指对文件实施的访问控制标准要求，一般需要指定两项要求，一是机制和文件的默认要求，对于计算机系统中的每个文件都应该有用户的访问控制措施。该机制应该与认证机制配合工作，以确保只有授权用户才能访问文件。二是机制本身至少应该指定哪些用户可以对文件拥有读、写和执行的权限。

（3）数据加密

这是一种确保网络数据通信的保密性、完整性和真实性的方法。规定在机构中使用的加密方法，可用的加密方法很多，包括 DES、3DES 和 AES 等。对于安全策略而言，没有理由规定只采用一种算法。当然，这里还需要规定密钥管理所需要的相关程序。

（4）漏洞补丁

这种方法规定安全程序应该在何处查找恶意代码，可以保证识别并弥补可能的安全漏洞。安全策略应该规定这种安全程序的要求，可以包括这种安全程序要检查的特定文件类型，以及当文件打开时检查文件或按计划检查文件这类要求。

2. 监视阶段

围绕着安全策略，在实现了网络系统的安全技术措施后，接下来必须对网络系统进行监控，确保安全状态能够保持，对于所部署的这些安全系统需要加以更频繁的注意。如果不对网络进行安全监控，则在上一步所实施的这些安全措施就没有实际意义了，所以在这个阶段，系统管理员需要通过利用网络漏洞扫描器，定期对网络进行扫描监控，以便可以预先识别漏洞区域，进行漏洞的修补。

3. 测试阶段

监视阶段之后是测试过程，对网络系统安全进行测试与进行安全监视一样重要。没有测试，就无法知道现有的和最新的攻击方式，就无法模拟受到安全侵害后的及时响应。由于入侵者是一个不断变化的、具有高度技术能力的群体，如果单靠用户来进行测试，会具有相当的难度，而且实施的成本较高，需要高度的技术支撑。

4. 改进过程

用户应该利用监视和测试阶段得来的数据去改进安全措施，并根据识别的漏洞和风险对安全策略加以调整。系统改进可确保得到最新的安全修复。由于网络安全不是一个静态的过程，经过网络安全改进阶段后，系统又重新进入了新的保护阶段。

通过网络安全模型，可以看出网络安全是一个围绕安全策略而开展的持续不断的过程。一个完善的网络安全策略需要经过多次修改进行逐步完善，而不是一个一劳永逸的过程。不过，安全策略本身不用为不同的操作系统或应用规定专门的配置方法，这项工作应该由特定的配置过程去完成。

二、网络安全策略设计与实施

（一）物理安全控制

物理安全控制是指对物理基础设施、物理设备的安全和访问的控制。对于网络而言，这部分相对变化较少，是最容易被管理员忽略的。对于网络系统，如果为了适应已经变化的环境而正在创建或修改安全策略，就有必要根据安全需求更改物理基础设施，或改变某些关键设备的物理位置，以使安全策略更容易实施。

物理网络基础设施包括选择适当的介质类型及电缆的铺设路线，其目的是要确保入侵者无法窃听网络上传输的数据，并且保证所有关键系统具备高度可用性。从安全角度看，由于光纤对于防止传统的网络窃听很有效果，在工程上得到了大量应用。而对于双绞线和同轴电缆，利用一些工具就可以方便进行信号窃听。然而，以目前这种网络环境而言，已经很少出现对线路物理上进行分隔与窃听的行为了。在大多数的情况下，入侵者只需找到一台联网的已授权的计算机，就可以方便地对网络资源进行非法的享用了。设计出优秀的网络拓扑结构，对于降低安全风险有重要作用，如单点的故障、突然停机等，一个好的网络拓扑可以有效遏制安全事故。

此外，网络资源的存放位置也极为重要，所有网络设施都应该放置在严格限制来访人员的地方，以降低出现非法访问的可能性。特别是涉及核心任务与机密信息的一些设备，这些基础设备包括交换机、路由器、防火墙以及提供各种网络应用与服务的服务器。系统越关键，需要设置的安全防护就越多，应不惜任何代价确保资源可用，包括环境安全保护，温度与湿度的控制，保护不受自然灾害及过量磁场的干扰等。

（二）逻辑安全控制

逻辑安全控制是指在不同网段之间构造逻辑边界，同时还对不同网段之间的数据流量进行控制。逻辑访问控制通过对不同网段间的通信进行逻辑过滤来提供安全保障。对内部网络进行子网划分是进行逻辑安全控制的有效方法。由于子网由本地负责管理，从网络外部看到的是一个单独的大网络，入侵者对其内部子网的划分没有太详细的了解。但事实上，在网络内部，每个子网都按照实际的物理布线组成各自的 LAN。根据网络如何使用子网来进行逻辑划分，以及这些子网之间的通信如何进行控制，就可以大致判定网络的逻辑设施。

路由策略是安全策略的重要组成成分，安全策略中可以体现详细的路由安全策略。在路由策略中，通常根据实际的需要来发布和接收被分隔开的网络和子网的路由。

对于设备和网段的访问必须明确限制到需要访问的个人，为此需要执行两类控制。一是预防性控制，用于识别每个授权用户并拒绝非授权用户的访问。二是探测性控制，用于记录和报告授权用户的行为，以及记录和报告非授权的访问，或者对系统、程序和数据的访问企图。

（三）基础设施和数据完整性

在网络基础设施中，必须尽力保证网络上所有通信都是有效通信。为保证网络间的通信，当前常见的安全防护系统包括防火墙、入侵检测系统、安全审计系统、病毒防护系统等。

1. 防火墙

防火墙通常被用来进行网络安全边界的防护。事实证明，在内网中不同安全级别的安全域之间采用防火墙进行安全防护，不但能保证各安全域之间相对安全，同时对于网络日常运行中各安全域中访问权限的调整也提供了便利条件。

2. 入侵检测系统

入侵检测系统在网络中的部署很大程度上弥补了防火墙防外不防内的特性，同时对网络内部的信息做到了实时监控和预警。

3. 安全审计系统

利用安全审计系统的记录功能，对网络中出现的操作和数据等做详细的记录，为事后攻击事件的分析提供有力的原始依据。

4. 病毒防护系统

利用网关型防病毒系统可将病毒尽最大可能地拦截在网络外部，同时在网络内部采用全方位的网络防病毒客户端进行全网的病毒防护。

如何保证有效通信，对于网络服务和协议的选择是一项复杂而艰巨的任务。一个简单的方法就是先允许所有类型的服务和协议，然后再按需要把某些类型取消。这种处理方法实施起来比较方便，因为所需要做的只是启动所有服务并允许其在网络中通行，当出现安全漏洞时，就在主机或网络层次上限制出现漏洞的服务或为服务添加补丁。

为了确保数据完整性，对于大多数跨网段的通信需要进行验证，同时为了确保网络基础设施的完整性，对安全基础设施进行操作的通信也应该通过验证。

（四）数据保密性

数据保密性是指保证密的范畴。在加密技术中数据的保密，使其不能被非法修改，它主要确定哪些数据需要加密，以及哪些数据不需要加密。这个过程应该使用风险分析步骤来进行决策。在风险分析中，可以将不同敏感程度的数据进行分类，对于不同的类别要求制定相应的数据保密措施。在一个网络基础设施内，是否需要加密通信在很大程度上取决于信息的敏感程度和数据被窃取的可能性。

（五）人员角色与行为规则

人员角色管理是整个网络安全的重要组成部分，网络中所有的软硬件系统、安全策略等最终都需要人来实践，所以对人员角色的定义及行为规则的制定是非常重要的。

1. 安全备份

创建备份的过程是运行计算机网络环境的一个完整部分，对于网络基础设施框架，提供网络应用服务的服务器的备份以及网络基础设施设备配置和映射的备份都是很重要的。备份策略包括确保用户已经对所有网络基础设施设备的配置和软件映射进行了备份，确保用户已经对所有提供网络服务的服务器进行了备份，确保用户的备份文件不被存储在同一个存储点上。管理员应该认真选择数据存储点，不但需要考虑其安全性和可用性，还需要考虑为备份文件加密，使备份信息一离开原点就得到额外的保护。需要注意的是，用户还应该有良好的密钥管理体制，这样才能够在需要时恢复数据。

2. 审计跟踪

对通信方式以及所有非法行为进行记录，以及对用户名、主机名 IP 源地址、目的地址端口号和时间戳进行记录，并对这些数据进行分析，有可能会发现安全被突破的第一条线索。管理员根据数据的重要性，可以将其保存在资源本地，直到它被需要或在每个事件后被转存为止。由于审计数据可能是站点上和备份文件中一些最需要认真保护的数据，如果入侵者能够侵入审计记录，系统将会受到重要的安全威胁，所以有可能的话也需要将这些审计记录进行有效的备份。

三、相关安全策略考虑

在安全策略中，除了上述的方法外，对于普通用户而言，还需要注意以下几个方面的安全问题。

（一）安全意识的培养

用户安全意识培养层面包含如下两方面含义。

1. 网络安全管理制度的建设

通常所说的网络安全建设"三分技术，七分管理"，也就是突出了"管理"在网络安全建设中所处的重要地位。长期以来，由于管理制度上的不完善、人员责任心差而导致的网络攻击事件层出不穷。尽管在所有的网络安全建设中，网络安全管理制度的建设都被提到极其重要的位置，但能按相关标准制定出具有全面性、可行性、合理性的安全制度并严格按其实施的项目数量并不是很多。

2. 网络使用人员安全意识的培养

通过长期分析网络安全事件，可以发现相当大的一部分攻击事件是由于工作人员的安全意识薄弱，无意中触发了入侵者设下的圈套，或打开了带有恶意攻击企图的邮件或网页造成的。针对这种情况，首要解决的问题是提高网络使用人员的安全意识，定期进行相关的网络安全知识的培训。全面提高网络使用人员的安全意识是提高网络安全性的有效手段，主要包括学习安全技术，学习对威胁和脆弱性进行评估的方法，选择安全控制的标准和实施。

安全意识和相关技能的教育是企业安全管理中重要的内容，其实施力度将直接关系到企业安全策略被理解的程度和被执行的效果。为了保证安全策略的成功和有效，高级管理部门应当对企业各级管理人员、用户、技术人员进行安全培训。所有的企业人员必须了解并严格执行企业安全策略。在安全教育具体实施过程中，不同的人员有不同的安全需求。根据不同的需求，有针对性地对人员进行特定的安全培训。这种安全教育应当定期地、持续地进行。

尽管上面讲述了许多网络安全上的技术保证，但是事实证明，许多入侵者运用社会工程学比用黑客技术更为方便和有效。所以应该通过严格的培训使工作人员和用户不要轻易相信那些打电话给他们，要求他们做一些危及安全事情的人，如通过电话来询问密码和其他有关网络安全密码等。工作人员在透露任何有关机密前，必须明确鉴别对方的身份。在通过一项新的安全策略时，应该检查每个现有的系统与新策略是否符合，如果存在不符合的情况，则应采取措施修改它，使之符合安全策略。最好还设立内部审核部门，以便定期审核系统是否符合安全策略，并定期对每一项策略进行复查，以保证它仍然适合于机构。

(二) 用户主机保护

主机安全性主要包括客户计算机的安全防护以及到服务器的通信线路，对于提供网络服务的主机，需要通过各种技术手段进行安全防护。同样，对于普通用户的桌面系统的安全性也特别需要注意，在多数现代操作系统中，如对文件共享、个人 Web 和 FTP 服务器之类的特性使得工作站与服务器之间的安全有许多共同之处，需要遵守共同的安全准则。目前，普通用户的桌面系统主要有以下安全隐患。

1. 共享过多

当用户共享本系统多于必要的范围时，就会出现由文件共享带来的较大危险。通常，如果其他用户需要看到的仅是某个目录，但却共享了整个卷。在这里，安全危险主要来自网络内部而不是外部。用户必须认真配置防火墙，使之能阻止对文件共享连接的传送。在任何时候都不要长久地共享操作系统的主目录，如果确实需要，则应该建立特殊可共享目录而不是共享任一工作目录，可以新建一个如"D：\Share"的目录以提供访问，并确保只有此目录包含的文件才可共享。还需要保证共享在最小的范围内实施，需要认真了解如何共享文件和文件夹，不要为系统留下隐患。

2. Web 和 FTP 服务

在常用的 Windows 操作系统中，在默认情况下并不启用 Web 和 FTP 服务器，但是可以通过其他方式对其安装并提供服务。由于 Web 和 FTP 的脆弱性，使其极容易受到攻击，带来的安全隐患主要是密码窃取。通常 FTP 服务器没有加密认证过程，所以本域用户可通过网络监听与分析捕获用户名和密码。另外，不正确的配置 Web 和 FTP 服务，会提供并不愿提供的一些共享数据。随着操作系统的不断更新，系统包含的功能越来越多，功能越来越强大，但随之而来的是潜在的危险也越来越严重。用户计算机开放的服务越多，入侵者可利用的入口就越多，所以最好关闭及删除所有用不上的服务，关闭不用的端口，以免遭受意外攻击。

3. 电子邮件服务

用户可能会收到来自陌生人的邮件附件，也可能会收到来自熟人以外的文件，一些宏病毒会利用 Outlook 的通信簿将病毒复制作为附件发送给朋友，而这些朋友会毫无戒心地打开执行附件。入侵者也可能附加一个伪装的木马，如远程控制的 BO（Back Orifice），来控制用户计算机。通过邮件客户端传播病毒已经是一个非常普遍的现象，所以要尽可能在邮件客户端中加装杀毒和防木马软件，用以扫描进来的信息，否则极易遭到攻击。

4. 协议安全

我们知道各种 Microsoft Windows 系统都是按在网络上运行服务的需要配置协议的，包括 NetBEUI（主要提供 Windows 联网服务，包括连接打印机、对等文件共享等）、TCP/IP、IPX/SPX 等。从某种意义上来说，在网络中启用的每种协议都会有安全弱点。要确认用户所需的联网协议，禁用或删除一切不必要的协议。协议越少，意味着安全性越高。需要明确安全不是选择"正确"的协议，而是正确使用。

5. 密码

对于桌面用户而言，密码保护是第一道关口。一般情况下，可以通过 BIOS 设置开机密码，然后通过操作系统设置系统密码。建议用户为了保证系统安全，尽可能按照密码设置的要求设置密码，保证系统安全。

6. 软件更新和补丁程序

实际上，没有哪个软件是安全的。软件包越大、越复杂，它的安全漏洞就越多。有些漏洞会被制造商、安全团队等发现，产品的开发商会发布更新、补丁或者围绕漏洞的工作来尽快解决该问题。一旦安全漏洞被公布，入侵者就会尝试这些新的漏洞，用户必须及时了解这些安全漏洞，并安装补丁或采取相应的措施。

7. 其他需要注意的

需要使用正版操作系统，并及时安装系统补丁，消除操作系统本身的安全隐患。使用正版的应用软件和工具软件，并安装防火墙及防病毒软件，还应该通过某种形式的自动更新机制来保持更新。不要安装来历不明的软件，上网时留意一些恶意插件，在没有搞清楚其具体功能时不要轻易下载安装，不要访问不良站点等，未经许可或安全咨询不要更改网络设置。

通过网络安全策略的定义与设计,有效地开发安全策略,是保证网络系统安全运行的关键。一定要牢记网络安全是一个系统,是策略、处理生命周期、技术与运行流程的结合,以及促使环境持续安全的设计方法。除了要求系统管理员对于整个网络系统采取各种措施外,用户本身也需要在思想上和技术上重视网络安全,安全合理地使用自己的桌面系统,加强安全管理,从而有效地保障整个网络的安全。

第二节 操作系统安全

一、操作系统安全概述

(一)操作系统安全的基本要求

一般而言,计算机系统的安全威胁可以归纳为软件设计和实现方面的缺陷与漏洞、系统的配置和操作不当两个主要方面。

计算机系统软件设计和实现的缺陷与漏洞包括作为计算机核心的操作系统、作为系统软件的编译器和数据库以及提供服务的应用程序等。这些软件由于功能复杂、规模庞大,如果没有安全理论的指导,因而会导致诸如缓冲区溢出、符号连接、特洛伊木马等各种各样的系统漏洞。这些漏洞一旦被发现,就会对系统的安全构成致命的威胁。

由于在使用计算机系统的过程中,对操作系统的配置和应用不当,很容易就会被攻击者突破系统的安全防范体系。一些操作系统默认的安装配置并不安全,需要根据要求对系统进行加固。经过安全配置,系统的安全性会得到较大的提高,可以抵御大部分常见的对于本系统的安全威胁。

安全操作系统是在传统操作系统的基础上实现了一定安全技术的操作系统,它提供了访问控制、最小特权管理和安全审计等机制,采用各种安全策略模型,在系统硬件和资源以及用户和应用程序之间进行符合预定义安全策略的调用,限制对系统资源的非法访问和阻止黑客对系统的入侵。其主要功能如下。

1. 进程的管理与控制

在多用户计算机系统中,必须根据不同授权范围将用户隔离,但同时又要允许用户在受控路径上进行信息交换。构造一个安全操作系统的核心问题就是具备多道程序功能,而多道程序功能得以实现又取决于进程的快速转换。

2. 文件的管理与保护

包括对普通实体的管理和保护及特殊实体的管理和保护。

3. 运行域的控制

运行域包括系统的运行模式、状态和上下文关系。运行域一般由硬件支持，也需要内存管理和多道程序支持。

4. 输入/输出的访问控制

操作系统安全不允许用户在指定存储区之外进行读、写操作。

5. 内存管理与保护

内存的管理是指要高效利用内存空间，内存的保护是指在单用户系统中，在某一时刻，内存中只运行一个用户进程，要防止它不影响操作系统的正常运行。在多用户系统中，多个用户进程并发，要隔离各个进程的内存区，防止它影响操作系统的正常运行。

6. 审计日志管理

安全操作系统负责对涉及系统安全的操作做完整的记录以及报警或事后追查，而且还必须保证能够独立地生成、维护和保护审计过程免遭非法访问、篡改和毁坏。

（二）操作系统安全的设计原则

操作系统安全的设计是一个复杂而艰巨的过程，涉及信息保护机制的设计和安全内核的设计。对于信息保护而言，人们以保护机制的体系结构为中心，给出了信息保护机制的八条设计原则。

1. 经济性原则

安全保护机制应尽可能设计得简洁，这样可以减少设计和实现错误，一旦产生这样的错误，在进行软件排错时才能较好地找到出错代码。

2. 失败——安全默认原则

访问判定应建立在显式授权的基础上。在默认的情况下，没有明确授权的访问方式将被视作不允许的方式。如果主体想以该种方式进行访问是不会成功的，因此，对系统而言就是安全的。

3. 完全仲裁原则

对每一个客体的每次访问都必须经过检查，以确认是否已经得到授权。

4. 开放式设计原则

将保护机制的抗攻击能力建立在设计公开的基础上，通过开放式的设计，在公开的环境中设法增强保护机制的防御能力。

5. 特权分离原则

为一项特权划分出多个决定因素，仅当所有决定因素均具备时，才能行使该项特权。

6. 最小特权原则

分配给系统中的用户（组）或程序的特权是其能完成特定工作所必需具有的特权的最小集合。

7. 最少公共机制原则

把由两个以上用户共用和被所有用户依赖的机制的数量减到最小。每一个共享机制都是一条潜在的用户间的信息通路，要谨慎设计，避免无意中破坏安全性。

8. 方便使用的原则

为使安全机制能得到贯彻，系统应该为用户提供友好的用户接口，便于用户使用。在用户界面的设计上要简单易用。对于安全内核的设计原则而言，安全内核的软件和硬件是可信的，它有以下几个基本的设计原则。

（1）隔离性原则

要求安全内核有防篡改能力，即原始的操作系统要尽可能地保护自己，以防遭到偶然的破坏。在实际实施隔离原则时需要软硬件的结合。硬件的基本特性是使安全内核能防止用户程序访问安全内核代码和数据，同时还必须防止用户程序执行安全内核用于控制内存管理机制的特权指令。将安全机制和操作系统的其他部分及用户空间分离，可以很容易地防止操作系统或用户的侵入。

（2）完整性原则

要求所有信息的访问都必须经过安全内核，同时对支持安全内核系统的硬件提出要求，如果安全内核不检查每条机器指令就允许有效地执行不可信程序，硬件就必须保证程序不能绕过安全内核的存取控制。

（3）可验证性原则

通过利用最新的软件工程技术，注意安全内核接口功能的简单性，实现安全内核尽可能地小。支持安全内核的可验证性的基本技术是开发一个安全数学模型，其精确定义了安全需求并形式化地检验模型中的功能是否符合定义。

（三）操作系统的安全机制

操作系统安全的主要目标是标识用户身份及身份鉴别，按访问控制策略对系统用户的操作进行控制，防止用户和外来入侵者非法存取计算机资源，以及监督系统运行的安全性和保证系统自身的完整性等。要完成这些目标，需要建立相应的安全机制，包括硬件安全机制和软件安全机制。软件的安全机制主要包括标识与鉴别机制、访问控制机制、最小特权管理机制、可信通路机制、隐通道的分析与处理以及安全审计机制等。

1. 硬件系统的安全机制

操作系统的最底层是硬件系统，操作系统软件运行在硬件系统之上，要保证操作系统的安全运行，必然要保证硬件层操作的安全性。因此，硬件层必须提供可靠的、高效的硬件操作。硬件安全机制一般有以下三种基本的措施，分别是内存保护、运行域保护和 I/O 保护。

(1) 内存保护

内存保护是操作系统中最基本的安全要求，它要求确保存储器中的数据能够被合法地访问。保护单元是存储器中最小的数据范围，可以分为块、段或页等。保护单元越小，存储保护的精度越高。在多任务的环境中，应该防止用户程序访问操作系统内核的存储区域以及进程间非法访问对方的存储区域。内存保护与内存管理是紧密相关的，内存保护是为了保证系统各个进程间互不干扰以及用户进程不去非法访问系统空间，而内存管理则是为了更有效地利用系统的资源（内存空间）。系统会区分用户空间和系统空间，在用户模式下运行的非特权程序应该禁止访问系统空间，而在内核模式下则可以访问任何内存空间，包括用户空间。用户模式和内核模式的切换应该通过一条特权指令来完成，这种访问控制一般可以由硬件来实现。除了通过硬件的限制来实现内存保护，还可以通过软件实现对内存的保护，如基于描述符的地址解释机制，该机制可以解决段/页访问权限的标识问题。

(2) 运行域保护

进程运行的区域被称为运行域。一般操作系统都会包含硬件层、内核层、应用层、用户层等几个层次，而每个层次又包含子层。这种分层的设计方法是为了隔离运行域，达到保护运行域的目的。运行域可以看成是一系列的同心圆，最内层的特权最高，最外层的特权最低，一个进程的可信度和其访问权限可以通过它与中心的接近程度来衡量，特权等级越高则越接近中心。它是一种分级的环结构，以最底层硬件层为中心，最后到特权最低的用户层。等级域机制可以保护内层环不被其他外层环侵入。每一个进程都在特定的环层运行，特权越高的进程在环号越低的层上运行。环号越低，特权越高，相对于该层的操作保护越少。等级域机制和进程隔离机制是互不影响的，一个进程可以在任意时刻任意环内运行，在运行时还可以在各环间转移。当进程在特定环运行时，进程隔离机制将避免该进程遭受同环内其他进程的破坏，系统会隔离在同一环内同时运行的进程。

(3) I/O 保护

在操作系统的所有功能中，I/O 部分一般是最复杂的。安全的缺陷往往可以从操作系统的 I/O 部分找出来，因此，为保证安全性，I/O 应该只能由操作系统才可以完成特权操作。对于一般的 I/O 设备，操作系统都会提供该设备的系统调用。对于网络访问一般也提供标准的调用接口，用户不需要操作 I/O

的细节。I/O 设备最简单的访问控制方式是把一个 I/O 设备看成是一个客体，所有对 I/O 设备的操作，例如读设备、写设备等，都必须经过相应的访问控制机制，如操作系统内核通过比较安全策略数据库来决定相应主体对相应客体的访问权限。

2. 软件系统的安全机制

有关软件安全机制方面，主要包括身份标识与鉴别机制、访问控制机制、最小特权管理机制、可信通路机制、隐蔽通道机制、安全审计机制和病毒防护机制。

（1）身份标识与鉴别机制

标识与鉴别是涉及系统和用户的一个过程。标识是系统要标识用户的身份，并为每个用户提供用户标识符。将用户标识符与用户联系的动作称为鉴别，为了识别用户的真实身份，它总是需要用户具有能够证明其身份的特殊信息。身份的标识与鉴别是对访问者授权的前提，并通过审计机制使系统保留追究用户行为责任的能力。一般情况下，它可以是只对主体进行鉴别，某些情况下也可以对客体进行鉴别。

（2）访问控制机制

在计算机系统中，安全机制的主要内容是访问控制机制，其基本任务是防止非法用户进入系统及合法用户对系统资源的非法使用。一般来说，它包括三个任务：授权、确定存取权限和实施存取权限。在安全操作系统领域中，存取控制一般都涉及自主访问控制、强制访问控制和基于角色的访问控制三种形式。自主访问控制是一种普遍的访问控制手段，它根据用户的身份及允许访问权限决定其操作，文件的拥有者可以指定系统中的其他用户（组）对其文件的访问权。强制访问控制是指用户与文件都有一个固定的安全属性，系统用此属性来决定一个用户是否可以访问某个文件。这个属性是强制性的规定，由安全管理员或操作系统根据安全策略来确定，用户（组）或用户程序不能修改安全属性。

（3）最小特权管理机制

最小特权指将超级用户的特权划分为一组细粒度的特权，分别给予不同的系统操作员/管理员，使各种系统操作员/管理员只具有完成其任务所需的特权，从而减少由于特权用户密码丢失或错误软件、恶意软件以及误操作所引起的损失。最小特权原则是系统安全中最基本的原则之一，它限定每个主体所必需的最小特权，使用户所得到的特权仅能完成当前任务。最小特权一方面给予主体"必不可少"的特权，保证了所有的主体能在所赋予的权限下完成所需要完成的操作或任务；另一方面又只给主体"必不可少"的特权，从而限制了每个主体所能进行的操作。常见的最小特权管理机制有基于文件的特权机制、基于进程的特权机制等。

(4) 可信通路机制

在计算机系统中,用户是通过不可信的中间应用层和操作系统相互作用的,操作系统必须保证用户在与安全核心通信时不会被特洛伊木马截获通信信息,提供一条可信通路。该机制只能由有关终端人员或可信计算机启动,并且不能被不可信软件模仿。其主要应用在用户登录或注册时,能够保证用户确实是和安全核心通信,防止不可信进程窃取密码。

当系统识别到用户在一个终端上输入的 SAK 时,便终止对应到该终端的所有用户进程,启动可信的会话过程,以保证用户名和密码不被盗走。

(5) 隐蔽通道机制

隐蔽通道是指系统中利用那些本来不是用于通信的系统资源绕过强制存取控制进行非法通信的一种机制。系统内充满着隐蔽通道,系统中的每一个信息,如果它能由一个进程修改而由另一个进程读取,则它就是一个潜在的隐蔽通道。隐蔽通道具有容量和带宽两个基本参数,容量是指通道一次所能传递的信息量,带宽是指信息通过通道传递的速度。由于安全模型缺陷而导致的信息泄露可以通过改变安全模型来修补,而隐蔽通道所导致的信息泄露可以在不改变安全模型的情况下消除或减少。

(6) 安全审计机制

安全审计是指对操作系统中有关安全的活动进行记录、检查及审核,它作为一种事后追查的手段保证系统的安全性。其主要目的就是检测和阻止非法用户对计算机系统的入侵,并显示合法用户的误操作。安全审计作为安全系统的重要组成部分,在 TCSEC 中要求 C2 级以上的安全操作系统必须包含。审计为系统进行事故原因的查询、定位,事故的预测、报警以及事故发生之后的实时处理提供详细、可靠的依据和支持。一般而言,审计过程是一个独立的过程,它应与系统的其他功能隔开。操作系统必须能够生成、维护及保护审计过程,防止其被修改、访问和毁坏。特别是要保护好审计数据,严格限制未授权的用户访问。

(7) 病毒防护机制

操作系统作为一个大型的软件代码集,不可避免地会受到病毒的入侵,病毒会用它自己的程序加入操作系统或者取代部分操作系统进行工作,从而导致整个系统瘫痪。由于操作系统感染了病毒,病毒在运行时会用自己的程序片段取代操作系统的合法程序模块。根据病毒自身的特点和被替代的操作系统中合法程序模块在操作系统中运行的地位与作用,以及病毒取代操作系统的取代方式等,对操作系统进行破坏。

二、Linux 操作系统的安全

世界各地的编程爱好者自发组织起来对 Linux 进行改进和编写了各种应用程序，Linux 已发展成一个功能强大的操作系统，可以自由地发行和复制。用户可以根据需要，修改其源代码，向系统添加新部件、发现缺陷和提供补丁，以及检查源代码中的安全漏洞。Linux 具有很多解决机密性、完整性、可用性以及系统安全本身问题的集成部件。包括 IP 防御、认证机制、系统日志和审计、加密协议和 API、VPN 内核支持等。此外，系统安全可以由软件应用程序来支持，这些开放源代码的应用程序提供安全服务、加固和（或）控制 Linux 系统、防止并检测入侵、检查系统和数据的完整性，并提供防止不同攻击的屏障。

Linux 与不开放源代码的操作系统之间的区别在于开放源代码开发过程本身。由于软件的每个用户和开发者都可以访问其源代码，因而有很多人都在控制和审视源代码中可能的安全漏洞，软件缺陷很快会被发现。一方面，这会导致这些缺陷更早被利用；另一方面，很快就会有可用的安全补丁。如此反复，使得 Linux 系统在安全上表现得相当优异。也正因为如此，对于 Linux 操作系统的管理员而言，要求更高。如何以一种安全的方法来计划、设计、安装、配置和维护运行 Linux 的系统，是每个系统管理员需要认真考虑的问题。

Linux 系统本身是稳定和安全的，其系统安全与否和系统管理员有很大的关系。安装越多的服务，越容易导致系统的安全漏洞。在构建 Linux 操作系统时，由于默认的配置文件并不是按照安全最大化的原则来定义的。因此，在网络上利用其构建应用平台时，在安装时就必须对其各种配置文件加以了解，熟悉其配置方法、内容与特点。在安装 Linux 系统前，首先需要系统管理员制订一个详细的安全配置计划，来确定系统将要提供什么服务，需要使用什么硬件平台，需要什么应用软件，如何组织安装。如果在实际安装前认真地制订这样一个计划，在安装的初期就可以确定并排除很多可能的安全问题，有助于减少系统入侵或者突发事件造成系统危害的风险。

（一）确定系统提供的服务和需要的软件

Linux 系统一般在网络上作为服务器对外提供各种网络服务，首先我们需要确认系统要提供哪些网络服务，以及提供这些服务的相对应的软件程序。如 Web、DNS、电子邮件、数据库等，以及包括提供这些服务所需要的相对应的软件 Apache、Bind 等程序包。这些应用需求应该记录在安装部署规划之中，这个计划还包括此计算机是配置为客户机、服务器还是同时具备两个角色。由于操作系统上提供的服务越多，系统的安全漏洞就越多，系统管理员应该遵循安全原则,在安装系统时,根据需求安装一个只包含必需软件的最小化的操作系统,然后根据具体的应用需要再安装相应的软件,这样可以大大减少某个服务程序出现安全隐患的可能性,使安装好的 Linux 系统带有隐藏安全漏洞的可能性降到最低。

(二)规划用户种类和访问权限

对于网络服务器而言,规划并确定用户种类及其权限通常非常复杂。一般是根据用户的角色来分配权限,实现管理用户的权限分离,授予管理用户所需的最小权限的服务,提供严格限制默认用户的访问权限,重命名系统默认用户,修改这些用户的默认密码的服务,并禁止默认用户的访问等;对于已经确认好的用户角色,定义他们需要访问和操作哪些数据资源。管理员可以通过访问相应的服务或操作系统提供的工具来进行相应的配置。

(三)选择 Linux 发行版本

由于 Linux 只是一个内核,只能提供基本的运行服务。一个完整的操作系统还包括大量的应用程序及开发工具等,因此,有许多个人、组织和企业开发了基于 GNU/Linux 的 Linux 发行版。Linux 的发行版本大体上可以分为两类,一类是商业公司维护的发行版本,一类是社区组织维护的发行版本。在很多情况下,由于企业的政策、企业许可证协议或者可用的技术,要使用的 Linux 发行版本已经确定。而有的时候,用户会先关注可以满足安装用途的软件程序包,然后根据程序包的先决条件、哪个发行版本包含立即可用的程序包,或者发行版本的价格,来选择发行版本。对于每一种应用服务,如邮件服务器、文件服务器、Web 服务器、字处理等,都有多种软件程序包可以满足需要。尤其当用户不直接与软件程序包打交道时,那么选择更为安全的软件程序包时所受的限制就会更少。

(四)选择服务器软件程序包

为了方便用户的安装,发行版本通常会默认安装一些保持系统运行和满足其用途所不必要的软件程序包,比如在运行没有用户交互的系统中,图形用户界面、多媒体软件和游戏都属于这种不必要的软件。而任何安装到机器上的软件都必然会占用资源并降低机器的安全性,引入可能被利用的潜在的 BUG,这会导致外部攻击者利用不必要的服务在服务器上执行代码,比如通过缓存溢出破坏系统。即使所安装的软件不是一直在运行,也没有暴露在网络上,它们也会增加管理员的负担。此外,有人会利用社会工程技巧来欺骗合法用户(或管理员)去运行最终影响安全的程序,这就是要尽可能少地安装程序的另一个原因。当然,在安装系统时,为了增加系统的安全性,管理员也需要考虑额外安装一些用来增强安全性的程序包,这些程序包有的可以在用户安装系统时选择性安装,也可以安装完毕后通过手工进行补充安装。

(五)选用安全的工具程序版本

由于网络应用的迅速发展和成长,有些传统的应用程序在安全性上变得很脆弱,已经不适于当前的应用。因此,人们开发了新的应用程序来替代,这些替代的程序可以以安全的方式执行相同的任务。"安全的方式"是指对传输的数据进行加密,以防止第三方可以窃听传输的信息。使用用户名和密码或者数字签名等技术来识别用户和系统。尽管这些替代者通常被称为"安全的标准的应用程序",但这并不是说明它们绝对不会受攻击。

(六)规划系统硬盘分区

当选择完应用程序以及安装所使用的软件包后,下一步就是要考虑操作系统与应用程序正常运行所需要的环境,如果不考虑运行的环境或考虑太少,会引起不良后果,简单的会使系统无法正常安装,或者安装后不能正常运行,如果安装不当,还会引起系统安全性下降,特别要防止那种试图填满可用磁盘空间的 DOS 攻击带来的危害。

(七)校验软件版本

Linux 发行版本众多,人们获取的途径各有不同,可以来自 CD/DVD 发行版本、从其他人那里复制、网络下载等。如果用户得到的操作系统在安装的时候就已经被破坏或已包含非法代码,那么前面所讨论的系统安全根本毫无意义,对于用户而言,这个操作系统也是毫无价值的。所以必须确保得到的操作系统是基于"干净"的来源进行安装,确认代码没有后门。

计算出的校验和必须与发行者公开的相匹配。如果通过 Web 得到发布的校验和,那么要确保使用 HTTPS 协议,并查看连接中使用的证书是否合法,以确保校验和的发布者是真实的。此外,刚刚安装的操作系统如果接入网络内提供服务,会产生大量的安全问题,因为我们得到的系统一般情况下都不是最新的版本,由于 Linux 系统的开放性,随时会有一些新的漏洞发现,而发行者会及时将这些安全补丁发布,而我们得到的系统可能没有安装最新安全补丁,此时最容易受到攻击。

三、UNIX 系统安全

UNIX 系统的运行是否安全稳定,与系统管理员对系统的安全配置有着直接的关系。

在 UNIX 系统中,系统管理员一般是以超级用户的身份进入系统的,因为 UNIX 的一些系统管理命令只能由超级用户运行。超级用户拥有其他用户所没有的特权,它不管文件存取许可方式如何,都可以读写任何文件,运行任何程序。系统管理员通常使用命令"/bin/su"或以 root 进入系统从而成为超级用户。

（一）系统安全管理

1. 防止未授权存取

这是计算机安全最重要的问题。要防止未被授权使用系统用户进入系统。用户意识、良好的密码管理、登录活动记录和报告、用户和网络活动的周期检查，这些都是防止未授权存取的关键。

2. 防止泄密

这也是计算机安全的一个重要问题。防止已授权或未授权的用户相互存取重要信息。文件系统查账、登录和报告、用户意识、加密都是防止泄密的关键。

3. 防止用户拒绝系统的管理

这一方面的安全应由操作系统来完成。一个系统不应被一个有意试图使用过多资源的用户损害。不幸的是，UNIX 不能很好地限制用户对资源的使用，一个用户能够使用文件系统的整个磁盘空间，而 UNIX 基本不能阻止用户这样做。

4. 防止丢失系统的完整性

这一安全方面与一个好系统管理员的实际工作和保持一个可靠的操作系统有关。

5. 运行权限

UNIX 系统要采用单用户方式启动，使系统管理员在允许普通用户登录以前，先检查系统操作，确保系统一切正常。当系统处于单用户方式时，控制台作为超级用户，命令提示符是"♯"。

（二）安全意识

1. 用户安全意识

UNIX 系统管理员的职责之一是保证用户安全，其中一部分工作是由用户的管理部门来完成。但是作为系统管理员，有责任发现和报告系统的安全问题，因为系统管理员负责系统的运行。

避免系统安全事故的方法是预防性的，当用户登录时，其 shell 在给出提示前先执行/etc/profile 文件，要确保该文件中的 PATH 指定最后搜索当前工作目录，这样将减少用户能运行特洛伊木马的机会。将文件建立屏蔽值的设置放在该文件中也是很合适的，可将其值设置成至少要防止用户无意中建立任何人都能写的文件。要小心选择此值，如果限制太严，则用户会在自己的 profile 中重新调用 umask 以抵制系统管理员的意愿，如果用户大量使用小组权限共享文件，系统管理员就要设置限制小组存取权限的屏蔽值。系统管理员必须建立系统安全和用户的"痛苦量"间的平衡。

定期地用 grep 命令查看用户 profile 文件中的 umask，可了解系统安全限制是否超过了用户痛苦极限。系统管理员可每星期随机抽选一个用户，将该用户的安全检查结果（用户的登录情况简报和 SUID/SGID 文件列表等）发送给他的管理部门和他本人。主要有四个目的：大多数用户会收到至少有一个文件检查情况的邮件，这将引起用户考虑安全问题；有大量可写文件的用户，将一星期得到一次邮件，直到他们取消可写文件的写许可为止。冗长的烦人的邮件信息也许足以促使这些用户采取措施，删除文件的写许可；邮件将列出用户的 SUID 程序，引起用户注意自己有 SUID 程序，使用户知道是否有不是自己建立的 SUID 程序；送安全检查表可供用户管理自己的文件，并使用户知道对文件的管理关系到数据安全。

管理意识是提高安全性的另一个重要因素。如果用户的管理部门对安全要求不强烈，系统管理员可能也忘记强化安全规则。最好让管理部门建立一套每个人都必须遵守的安全标准，如果系统管理员在此基础上再建立自己的安全规则，就强化了安全。管理有助于加强用户意识，让用户明确信息是有价值的资产。

2. 保持系统管理员个人的登录安全

若系统管理员的登录密码泄密了，则窃密者离窃取 root 只有一步之遥了。因为系统管理员经常作为 root 运行，窃密者非法进入系统管理员的户头后，将用特洛伊木马替换系统管理员的某些程序，系统管理员会作为 root 运行这些已被替换的程序。正因为如此，在 UNIX 系统中，管理员的账户最常受到攻击。即使 su 命令通常要在任何都不可读的文件中记录所有想成为 root 的企图，还可用记账数据或 ps 命令识别运行 su 命令的用户。也正是如此，系统管理员作为 root 运行程序时应当特别小心，因为最微小的疏忽也可能"沉船"。

3. 保持系统安全

只要系统有任何人都可调用的拨号线，系统就不可能真正的安全。系统管理员可以很好地防止系统受到偶然的破坏。但是那些有耐心、有计划、知道自己在干什么的破坏者，对系统直接的有预谋的攻击却常常能成功。如果系统管理员认为系统已经泄密，则应当设法查出肇事者。若肇事者是本系统的用户，与用户的管理部门联系，并检查该用户的文件，查找任何可疑的文件，然后对该用户的登录小心地监督几个星期。如果肇事者不是本系统的用户，可让本公司采取合法的措施，并要求所有的用户改变密码，让用户知道出了安全事故。

第三节 黑客防范技术

一、黑客概述

(一)黑客类型

1. 好奇型

这类黑客喜欢追求技术上的精进,只在好奇心驱使下进行一些并无恶意的攻击,以不正当侵入为手段找出网络漏洞,一旦发现了某些内部网络漏洞后,会主动向网络管理员指出或者干脆帮助修补网络错误以防止损失扩大,使网络更趋于完善和安全。

2. 恶作剧型

这类黑客的数量也许是最多最常见的。他们闯入他人网站,以篡改、更换网站信息或者删除该网站的全部内容,并在被攻击的网站上公布自己的绰号,以便在技术上寻求刺激,炫耀自己的网络攻击能力。

3. 隐匿型

这类黑客喜欢先通过种种手段把自己深深地隐藏起来,然后再以匿名身份从暗处实施主动网络攻击。有时干脆冒充网络合法用户,通过正常渠道侵入网络后再进行攻击。他们大都技术高超、行踪不定,攻击性比较强。

4. 定时攻击型

这是极具破坏性的一种类型。为了达到某种个人目的,黑客通过在网络上设置陷阱或事先在生产或网络维护软件内置入逻辑炸弹或后门程序,在特定的时间或特定条件下,根据需要干扰网络正常运行或导致生产线或网络完全陷入瘫痪状态。

目前,黑客的本质正在发生明显的改变。他们已经从独立个体演变为有共同目标并合作出击的"黑客群"。而黑客的目标也由只求成名变成以金钱为目标,这个转变令黑客的行为大受影响,以致他们不再以破坏为主导,反而利用系统漏洞,在用户不知情之下,盗取企业机密、网上银行密码等重要资料。现在黑客则主要依靠远程攻击,一则针对服务器,寻找对方程序漏洞,进行侵入,继而蔓延对方网络;另一则是针对个人用户,远程植入木马程序。"技术好的黑客所用的木马程序,都是定制的,一般病毒软件和防火墙都不会有反应。"

第四章　计算机安全防范策略

（二）黑客的行为特征

无论哪类黑客，他们最初的学习内容都将是本部分所涉及的内容，而且掌握的基本技能也都是一样的。即便日后他们各自走上了不同的道路，但是所做的事情也差不多，只不过出发点和目的不一样而已。黑客的行为主要有以下几种。

1. 学习技术

互联网上的新技术一旦出现，黑客就必须立刻学习，并用最短的时间掌握这项技术，这里所说的掌握并不是一般的了解，而是阅读有关的"协议"，深入了解此技术的机理。否则一旦停止学习，那么依靠他以前掌握的内容，并不能维持他的"黑客"身份超过一年。

初级黑客要学习的知识是比较困难的，因为他们没有基础，所以学习起来要接触非常多的基本内容，然而今天的互联网给读者带来了很多的信息，这就需要初级学习者进行选择，太深的内容可能会给学习带来困难，太"花哨"的内容又对学习黑客没有用处。所以初学者不能贪多，应该尽量寻找一本书适合自己的完整教材，循序渐进地进行学习。

2. 伪装自己

黑客的一举一动都会被服务器记录下来，所以黑客必须伪装自己使得对方无法辨别其真实身份，这需要有熟练的技巧，用来伪装自己的IP地址、使用跳板逃避跟踪、清理记录扰乱对方线索、巧妙躲开防火墙等。真正的黑客，不赞成对网络进行攻击，因为黑客的成长是一种学习，而不是一种犯罪。

3. 发现漏洞

漏洞对黑客来说是最重要的信息，黑客要经常学习别人发现的漏洞，并努力自己寻找未知漏洞，并从海量的漏洞中寻找有价值的、可被利用的漏洞进行试验，当然他们最终的目的是通过漏洞进行破坏或者修补上这个漏洞。

4. 利用漏洞

对于正派黑客来说，漏洞要被修补。对于邪派黑客来说，漏洞要用来搞破坏。而他们的基本前提是"利用漏洞"，黑客利用漏洞可以做以下的事情。

（1）获得系统信息

有些漏洞可以泄露系统信息，暴露敏感资料，从而进一步入侵系统。

（2）入侵系统

通过漏洞进入系统内部，或取得服务器上的内部资料，或完全掌管服务器。

（3）寻找其他入侵目标

黑客充分利用自己已经掌管的服务器作为工具，寻找并入侵其他目标系统。

(4) 做一些好事

正派黑客在完成上面的工作后，就会修复漏洞或者通知系统管理员，做出一些维护网络安全的事情。

目前还出现了越来越多的释放特洛伊木马的自动工具以及其他入侵复杂系统的工具，它们非常快地沿"食物链"升级。窃取信息正在成为木马的主要目的。现在的趋势是，病毒开始集中进攻特定的组织，并试图种木马。因此，提高安全防范意识，建立起综合的网络安全监控防御体系，及时下载操作系统和应用程序的补丁，堵住存在的漏洞将是十分必要的。

(三) 黑客攻击的目的

1. 窃取信息

黑客攻击最直接的目标就是窃取信息。黑客选取的攻击目标往往是重要的信息和数据，在获得这些信息与数据之后，黑客就可以进行各种犯罪活动。政府、军事、邮电和金融网络是黑客攻击的首选目标。窃取信息包括破坏信息的保密性和完整性。破坏信息的保密性是指黑客将窃取到的需要保密的信息发往公开的站点。而破坏信息的完整性是指黑客对重要文件进行修改、更换和删除，使得原来的信息发生了变化，以至于不真实或者错误的信息给用户带来难以估量的损失。

2. 获取密码

事实上，获取密码也是窃取信息的一种，由于密码的特殊性，所以单独列出。黑客通过登录目标主机，或使用网络监听程序进行攻击。监听到密码后，便可以顺利地登录到其他主机，或者去访问一些本来无权访问的资源。

3. 控制中间站点

在某些情况下，黑客登上目标主机后，不是为了窃取信息，只是运行一些程序，这些程序可能是无害的，仅仅消耗一些系统的处理时间。比如，黑客为了攻击一台主机，往往需要一个中间站点，以免暴露自己的真实所在。这样即使被发现，也只能找到中间站点的地址，而真正的攻击者可以隐藏起来。再比如，黑客不能直接访问某一严格受控制的站点或网络，此时就需要一个具有访问权限的中间站点，所以这个中间站点就成为首先要攻击的目标。

4. 获得超级用户权限

黑客在攻击某一个系统时，都企图得到超级用户权限，这样就可以完全隐藏自己的行踪，并可在系统中埋伏下方便的后门，便于修改资源配置，做任何只有超级用户才能做的事情。

(四) 黑客攻击方式

1. 远程攻击

指外部黑客通过各种手段,从该子网以外的地方向该子网或者该子网内的系统发动攻击。远程攻击的时间一般发生在目标系统当地时间的晚上或者凌晨时分,因为此时网速较快,网络管理也较松懈,攻击不容易发现。远程攻击发起者一般不会用自己的机器直接发动攻击,而是通过跳板的方式,对目标进行迂回攻击,以迷惑系统管理员,防止暴露真实身份。

2. 本地攻击

本地攻击指本单位的内部人员通过所在的局域网,向本单位的其他系统发动攻击。在本机上进行非法越权访问也是本地攻击。还有一种叫伪远程攻击,它是指内部人员为了掩盖攻击者的身份,从本地获取目标的一些必要信息后,攻击过程从外部远程发起,造成外部入侵的现象,从而使追查者误认为攻击者是来自外单位。

二、黑客攻击的主要防范措施

(一) 使用服务器版本的操作系统

在选择网络操作系统时,要注意其提供的安全等级,尽量选用安全等级高的操作系统。计算机系统评价准则,是一个计算机系统的安全性评估的标准,它使用了可信计算机 TCB 这一概念,即计算机硬件与支持不可信应用及不可信用户的操作系统的组合体。网络操作系统的安全等级是网络安全的根基,如果基础不好则网络安全先天不良,在此基础上很多努力将无从谈起。如有的网络采用的 UNIX 系统由于版本太低从而导致安全级别太低,只有 C4 级,而网络系统安全起码要求是 C2 级。

在网络上提供服务的计算机一定要安装高版本的 UNIX 操作系统或者服务器版的操作系统,对于个人计算机最好安装专业版的 Windows/XP,并随时注意操作系统厂商推出的补丁程序。

(二) 堵住系统漏洞

1. 安装操作系统时要注意

因为现在的硬盘越来越大,许多人在安装操作系统时希望安装越多越好,却不知装得越多所提供的服务就越多,而系统的漏洞也就越多。如果只是要作为一个代理服务器,则只安装最小化操作系统和代理软件、杀毒软件、防火墙即可。不要安装任何应用软件,更不可安装任何上网软件用来上网下载,甚至输入法也不要安装,更不能让别人使用这台服务器。

2. 安装补丁程序

利用输入法的攻击其实就是黑客利用系统自身的漏洞进行的攻击。及时下载微软提供的补丁程序来安装，就可较好地完善系统和防御黑客利用漏洞的攻击。可下载 Windows 最新的 Servicepack 补丁程序，也可直接运行"开始"菜单中的 Windows Update 进行系统的自动更新。

3. 关闭无用的甚至有害的端口

计算机要进行网络连接就必须通过端口，而黑客要用木马控制电脑也必须要通过端口。所以，可以通过关闭一些暂时无用的端口（但对于黑客却可能有用），即关闭无用的服务，来减少黑客的攻击路径。

4. 卸载 WSH 功能

由于部分蠕虫病毒是采用 VB Script 脚本语言编写的，而 VBScript 代码必须由 WSH（Windows Script Host）解释执行。由于 WSH 一般不影响计算机的正常工作，所以，可以将 WSH 功能卸载掉，使蠕虫病毒失去出发运行的环境。

（三）攻击检测

对于黑客攻击的防范，如果能够在黑客攻击的前期就能发现其行踪，阻断黑客攻击的过程，就会大大减少攻击造成的损失。目前，发现黑客攻击的手段一般采用网络攻击检测。网络攻击检测的基本假定前提是任何可检测的网络攻击都有异常行为，所以，网络攻击检测主要是检测网络中的异常行为。根据检测网络异常行为的不同方法、检测网络异常行为的不同位置，可以形成不同的攻击检测方案。

为了进行网络攻击的检测，必须能够描述网络攻击的特征。网络攻击包括了攻击者和受害者。从攻击者角度出发，网络攻击主要采用攻击的意图、攻击被暴露的危险程度等特征描述；从受害者角度出发，网络攻击主要采用攻击的显露程度、攻击可能造成的损失等特征描述。目前采用的攻击检测方法通常是从攻击者角度分析和研究网络攻击的特征。

（四）内部管理

1. 注重选择网络系统管理员

必须慎重选择网络系统管理人员，对新职员的背景进行调查，网络管理等要害岗位人员调动时要采取相应的防护措施。

网络管理人员要有高度的责任心，有足够的安全意识随时提高警惕不要轻易相信自己的系统安全已经是万无一失。网络运行时，要严密监视网络，判断哪些信息是用户的，哪些信息不是用户的。一旦发现正受到攻击，要及时防范减少不必要的损失。从某种意义上说，网络安全与网络系统管理员的责任具有密切的联系。

2. 制定详细的安全管理制度

确保每个职员都了解安全管理制度，如掌握正确设置较复杂密码的要求，分清各岗位的职责，有关岗位之间要能互相制约，及时更新系统补丁和杀毒软件。

3. 签订法律文书

企业与员工签订著作权转让合同，使有关文件资料、软件著作权和其他附属资产权归企业所有，以避免日后无法用法律保护企业利益不受内部员工非法侵害。

4. 安全等级划分

将部门内电子邮件资料及 Internet 网址划分保密等级，依据等级高低采取相应的安全措施及给予不同的权限。

5. 定期改变密码

永远不要对自己的密码过于自信，也许就在无意当中泄露了密码。定期改变密码，会使自己遭受黑客攻击的风险降到一定限度之内。一旦发现自己的密码不能进入计算机系统，应立即向系统管理员报告，由管理员来检查原因。系统管理员也应定期运行一些破译密码的工具来尝试，若有用户密码被破译出，说明用户的密码设置过于简单或有规律可循，应尽快地通知他们及时更改密码。

第四节　网络安全系统

一、防火墙

防火墙是指设置在不同网络（如可信任的企业内部网和不可信的公共网）或网络安全域之间的一系列部件的组合。它是不同网络或网络安全域之间信息的唯一出入口，通过监测、限制、更改跨越防火墙的数据流，尽可能地对外部屏蔽网络内部的信息、结构和运行状况，有选择地接受外部访问，对内部强化设备监管、控制对服务器与外部网络的访问，通过在被保护网络和外部网络之间架起一道屏障，来防止发生不可预测的、潜在的破坏性侵入。因此，对用户来讲，防火墙一般是部署在公共的不可信的互联网与用户可信的内部网之间，比较好的是进一步把用户的内部网用防火墙分隔为用户外部网和用户内部网，其中用户外部网主要用于提供给外部访问的服务器，而内部网主要是提供给内部访问的服务器。

防火墙有硬件防火墙和软件防火墙两种,它们都能起到保护作用并筛选出网络上的攻击者。而对于企业网络环境的实际应用来说,更为常见的是拥有更全面、更高效、更完整的安全性能的硬件防火墙。

(一)防火墙的原理

防火墙的主要功能是控制内部网络和外部网络的连接。利用它既可以阻止非法的连接、通信,也可以阻止外部的攻击。一般来讲,防火墙物理位置位于内部网络和外部网络之间。防火墙是目前主要的网络安全设备。

防火墙是不同网络或网络安全域之间信息的唯一出入口,能根据单位的安全政策控制(允许、拒绝、监测)出入网络的信息流,且本身具有较强的抗攻击能力。它是提供信息安全服务,实现网络和信息安全的基础设施。简而言之,防火墙就是一个或一组实施访问控制策略的系统。

防火墙处于网络安全体系中的最底层,属于网络层安全技术范畴。作为内部网络与外部公共网络之间的第一道屏障,防火墙是最先受到人们重视的网络安全产品之一。虽然从理论上看,防火墙处于网络安全的最底层,负责网络间的安全认证与传输,但随着网络安全技术的整体发展和网络应用的不断变化,现代防火墙技术已经逐步走向网络层之外的其他安全层次,不仅要完成传统防火墙的过滤任务,同时还能为各种网络应用提供相应的安全服务。

在内部网络系统与 Internet 连接处配置防火墙是保证 WEB 系统安全的第一步,也是系统建设时首要考虑的问题。防火墙通过监测、限制、更改通过防火墙的数据流,可以保护 WEB 系统不受来自 Internet 的外部攻击。

一个防火墙在一个被认为是安全和可信的内部网络和一个被认为是不那么安全和可信的外部网络(通常是 Internet)之间提供一个封锁工具。在使用防火墙的决定背后,潜藏着这样的推理:假如没有防火墙,一个网络就暴露在不那么安全的 Internet 诸协议和设施面前,面临来自 Internet 其他主机的探测和攻击的危险。在一个没有防火墙的环境里,网络的安全性只能体现为每一个主机的功能,在某种意义上,所有主机必须通力合作,才能达到较高程度的安全性。网络越大,这种较高程度的安全性越难管理。随着安全性问题上的失误和缺陷越来越普遍,对网络的入侵不仅来自高超的攻击手段,也有可能来自配置上的低级错误或不合适的口令选择。因此,防火墙的作用是防止不希望的、未授权的通信进出被保护的网络,迫使单位强化自己的网络安全政策。

(二)防火墙的功能及重要性

1. 防火墙能实现的功能

防火墙功能:防火墙的最基本的功能是防止攻击,如防御

SYNATTACK、ICMP-FL00D、PORTSCAN、DOS 以及 DDOS 等常见的攻击方式，还有防火墙自身的扩展性，不断地升级新的版本。

NAT 功能：NAT（网络地址翻译）和 PAT（端口地址翻译）也是防火墙的基本的功能之一，它可以有效地隐藏内部无法路由的 IP 地址。

VPN 功能：VPN（虚拟专用网）是目前最为常用的安全传输方式，它可以有效地保证数据的安全性和完整性。

流量管理：流量管理在网络安全的策略中也占有很重要的位置，可以确保对于流量要求比较苛刻的网段，最大限度地满足其需求。

防火墙自身的管理：一款好的防火墙设备要有非常友好的用户管理界面，以及可以进行集中管理的功能。

日志以及监控：防火墙要能够产生并保存日志，对所有产生的可能威胁要能够实时通知网络监管人员。

冗余机制：防火墙的冗余机制包括自身结构的冗余和双机线路的冗余，作为骨干线路的防火墙设备应该至少包括两种冗余机制中的一种。

2. 防火墙在网络安全中的重要性

保护脆弱的服务：通过过滤不安全的服务，防火墙可以极大地提高网络安全和减少子网中主机的风险。

控制对系统的访问：防火墙可以提供对系统的访问控制。如允许从外部访问某些主机，同时禁止访问另外的主机。

集中的安全管理：防火墙对企业内部网实现集中的安全管理，在防火墙定义的安全规则可以运行于整个内部网络系统，而无须在内部网每台机器上分别设立安全策略。防火墙可以定义不同的认证方法，而不需要在每台机器上分别安装特定的认证软件。外部用户也只需要经过一次认证即可访问内部网。

增强的保密性：使用防火墙可以阻止攻击者获取攻击网络系统的有用信息，如 Figer 和 DNS。

记录和统计网络利用数据以及非法使用数据：防火墙可以记录和统计通过防火墙的网络通信，提供关于网络使用的统计数据，并且，防火墙可以提供统计数据，来判断可能的攻击和探测。

策略执行：防火墙提供了制定和执行网络安全策略的手段。未设置防火墙时，网络安全取决于每台主机的用户。

二、入侵检测与防御系统

网络相互连接以后，入侵者可以通过网络实施远程入侵。而入侵行为与正常的访问或多或少有些差别，通过收集和分析这种差别可以发现大部分的入侵行为，入侵检测技术就是应这种需求而诞生的。经入侵检测发现入侵行为后，可以采取相应的安全措施，如报警、记录、切断或拦截等，从而提高网络的安全应变能力。

（一）入侵检测基本概念

入侵检测是指通过对行为、安全日志、审计数据或其他网络上可以获得的信息进行操作，检测到对系统的闯入或闯入的企图。入侵检测是检测和响应计算机误用的学科，其作用包括威慑、检测、响应、损失情况评估、攻击预测和起诉支持。入侵检测技术是为保证计算机系统的安全而设计与配置的一种能够及时发现并报告系统中未授权或异常现象的技术，是一种用于检测计算机网络中违反安全策略行为的技术。进行入侵检测的软件与硬件的组合便是入侵检测系统（Intrusion Detection System，IDS）。IDS是从多种计算机系统及网络系统中收集信息，再通过这些信息分析入侵特征的网络安全系统。

1. 基于数据源分类

基于主机的入侵检测：系统通常部署在权限被授予和跟踪的主机上，通过日志文件分析入侵行为，最后得出结果报告。

基于网络的入侵检测网络入侵系统用于监视网络数据流。网络适配器可以接收所有在网络中传输的数据包。并提交给操作系统或应用程序进行分析。这种机制为入侵检测提供了必要的数据源。

基于内核的入侵检测：监视器从操作系统内核收集数据，作为检测入侵或异常行为的根据。目前主要针对开放的是 irmx 系统。

基于应用程序的入侵检测：监视器从运行的应用程序中收集数据，如 Web 服务程序、FTP 服务程序、数据库包括了应用事件日志和其他存储于应用程序内部的数据信息。

2. 基于检测方法的分类

按照所采用的检测方法，入侵检测技术可分为误用检测技术和异常检测技术。

误用检测：根据已定义好的入侵模式，通过判断在实际的安全审计数据中是否出现这些入侵模式来完成检测功能。这种方法由于基于特征库的判断，所以检测准确度很高。缺点在于检测范围受已有知识的局限，无法检测未知的入侵行为。此外，对系统依赖性大，通用性不强。

异常检测：根据使用者的行为或资源使用状况的正常程度来判断是否入侵，而不依赖于具体行为是否出现来检测。异常检测的优点在于通用性较强。但由于不可能对整个系统内的所有用户行为进行全面的描述，而且每个用户的行为是经常改变的，所以它的缺陷是误报率高。

3. 基于检测定时的分类

入侵检测系统在处理数据时可以是实时的，也可以采用批处理方法，定时处理原始数据。

4. 基于检测系统的工作方式分类

离线检测系统：离线检测系统是非实时工作的系统，它在事后分析审计事件，从中检查入侵活动。事后入侵检测由网络管理人员进行，他们具有网络安全的专业知识，根据计算机系统对用户操作所做的历史审计记录判断是否存在入侵行为，如果有就断开连接，并记录入侵证据和进行数据恢复。事后入侵检测是管理员定期或不定期进行的，不具有实时性。

在线检测系统：在线检测系统是实时联机的检测系统，它包含对实时网络数据包分析，实时主机审计分析。其工作过程是实时入侵检测在网络连接过程中进行，系统根据用户的历史行为模型、存储在计算机中的专家知识以及神经网络模型对用户当前的操作进行判断，一旦发现入侵迹象立即断开入侵者与主机的连接，并收集证据和实施数据恢复。这个检测过程是不断循环进行的。

（二）入侵检测技术的检测方法

入侵检测系统常用的检测方法有特征检测、统计检测与专家系统。目前入侵检测系统中绝大多数属于使用入侵模板进行模式匹配的特征检测系统，其他是少量采用概率统计的统计检测系统与基于日志的专家系统知识库系统。

1. 特征检测

特征检测对已知的攻击或入侵的方式做出确定性的描述，形成相应的事件模式。当被审计的事件与已知的入侵事件模式相匹配时则立即报警。特征检测在原理上与专家系统相仿，在检测方法上与计算机病毒的检测方式类似。目前基于对特征描述的模式匹配应用较为广泛。该方法预报检测的准确率较高，但对于没有先验知识（专家系统中的预定义规则）的入侵与攻击行为无能为力。

2. 统计检测

统计检测常用于异常检测，在统计模型中常用的测量参数包括审计事件的数量、间隔时间、资源消耗情况等。常用的统计入侵检测的五种模型为操作模型、方差、多元模型、马尔可夫过程模型、时间序列分析。

3. 专家系统

专家系统使用规则对入侵进行检测。所谓的规则就是知识，不同的系统与设置具有不同的规则，且规则之间往往无通用性。专家系统的建立依赖于知识库的完备性，知识库的完备性又取决于审计记录的完备性与实时性。入侵的特征抽取与表达是入侵检测专家系统的关键。在系统实现中，将有关入侵的知识转化为 if—then 结构（也可以是复合结构），条件部分为入侵特征，then 部分是系统防范措施。运用专家系统防范有特征入侵行为的有效性完全取决于专家系统知识库的完备性。

该技术根据安全专家对可疑行为的分析经验来形成一套推理规则，然后在此基础上建立相应的专家系统，由此专家系统自动进行对所涉及的入侵行为的分析工作。该系统应当能够随着经验的积累而利用其自学习能力进行规则的扩充和修正。

（三）入侵检测技术的发展方向

1. 分布式入侵检测

传统的 IDS 局限于单一的主机或网络架构，对异构系统及大规模的网络检测明显不足，不同的 IDS 之间不能协同工作。为解决这一问题，需要发展分布式入侵检测技术与通用入侵检测架构。第一层含义是针对分布式网络攻击的检测方法；第二层含义是使用分布式的方法来检测分布式的攻击，其中的关键技术是检测信息的协同处理与入侵攻击的全局信息的提取。

2. 智能化入侵检测

智能化入侵检测即使用智能化的方法与手段来进行入侵检测。所谓的智能化方法，现阶段常用的有神经网络、遗传算法、模糊技术等方法，这些方法常用于入侵特征的辨识与泛化。利用专家系统的思想来构建入侵检测系统也是常用的方法之一。特别是具有自学习能力的专家系统，实现了知识库的不断更新与扩展，使设计的入侵检测系统的防范能力不断增强，具有更广泛的应用前景。应用智能化的概念来进行入侵检测的尝试已经开始。较为一致的解决方案应为高效常规意义下的入侵检测系统与具有智能检测功能的检测软件或模块的结合使用。目前，尽管已经有智能化、神经网络与遗传算法在入侵检测领域的应用研究，但这只是一些尝试性的研究工作，仍需对智能化 IDS 加以进一步的研究，以解决其自学习与自适应的能力。

3. 应用层入侵检测

许多入侵的语义只有在应用层才能理解，而目前的 IDS 仅能检测如 Web 之类的通用协议，而不能处理如 Lotus Notes、数据库系统等其他的应用系统。

4. 高速网络的入侵检测

在 IDS 中，截获网络的每一个数据包，并分析、匹配其中是否具有某种攻击的特征需要花费大量的时间和系统资源，因此大部分现在的 IDS 只有几百兆的检测速度，随着千兆甚至万兆网络的大量应用，需要研究高速网络的入侵检测。

5. 入侵检测系统的标准化

在大型网络中，网络的不同部分可能使用了多种入侵检测系统，甚至还有防火墙、漏洞扫描等其他类别的安全设备，这些入侵检测系统之间以及 IDS 和其他安全组件之间如何交换信息、共同的协作来发现攻击、做出响应并阻止攻击是关系整个系统安全性的重要因素。例如，漏洞扫描程序例行的试探攻击就不应该触发 IDS 的报警，而利用伪造的源地址进行攻击，就可能触动防火墙关闭服务器，从而导致拒绝服务，这也是互动系统需要考虑的问题。可以建立新的检测模型，使不同的 IDS 产品可以协同工作。

三、身份认证

（一）身份认证的分类

计算机网络技术是通信技术与计算机技术结合的技术，同样网络安全系统中的身份认证技术也是通信系统身份认证技术与计算机系统身份认证技术结合的技术。

在网络环境下，人们都需要通过某个计算机（客户机 A）连接上网，然后通过网络与远程一台提供网络服务的计算机（服务器 B）交互。远程提供网络服务的计算机就是一台网络服务器，它可以同时支持多个用户的访问。网络服务器也相当于传统的多用户计算机系统。对于配置了安全控制功能的网络服务器，就需要使用多用户计算机系统中身份认证技术，即每个用户都需要设置账户和密码，登录到网络服务器中才能使用网络服务。

为了保证在客户机 A 和服务器 B 之间传递的报文不会被第三方攻击，A 和 B 之间就需要进行身份认证，A 需要确定 B 就是真实的服务器，而 B 需要确定 A 就是真实的客户机。这样，就需要利用通信安全系统中的安全身份认证协议。

基于网络环境中身份认证的特征，网络安全中的身份认证技术可以分成"人机交互类"身份认证技术和"报文传递类"身份认证技术。

（二）身份认证的方式

在网络安全中，根据身份认证参与方的数目，身份认证可以分成双方身份认证方式和三方身份认证方式。

双方身份认证方式是指在身份认证过程中，只需要涉及身份认证方和被认证方两个网络实体。双方通过交互身份认证协议，单向或者双向认证身份。单向身份认证指只有身份认证方认证对方的身份，双向身份认证指身份认证方和被认证方相互进行身份认证。

在人机交互类身份认证技术中，如果用户客户端软件需要与服务器端软件进行交互，完成身份认证的过程，则就是双方身份认证方式。如果用户客户端软件为了登录到服务器 B 中，还需要专门与另外一个身份认证服务器 C 交互，则就不是双方身份认证方式。

双方身份认证方式适用于身份认证双方处于同一个信任域的应用环境，即身份认证双方的行为不需要提交给第三方进行认证，不需要相互防范。所以，这种双方身份认证方式实际上不适用于电子商务环境。在这种身份认证方式下完成的身份认证，一旦出现商业交易纠纷，无法提交给第三方进行仲裁。

三方身份认证方式是指身份认证过程中，需要涉及三个网络实体，其中包括身份认证的双方以及参与身份认证的双方都信任的第三方。在三方身份认证方式中，身份认证的交互双方需要通过作为公证方的第三方，才能相互认证身份。

四、病毒防范系统

（一）病毒防范的技术措施

在完善的管理措施基础上防治计算机病毒还应有强大的技术支持。对于重要的系统，常用的病毒防治技术措施有系统安全、软件过滤、文件加密、备份恢复等。

1. 系统安全

许多计算机病毒都是通过系统漏洞进行传播的，如利用 Windows 操作系统漏洞的蠕虫病毒、利用 Outlook 服务软件漏洞的邮件病毒、利用 Office 漏洞的宏病毒。所以，构造一个安全的系统是国内外专家研究的热点。而各种系统的不断升级也正是为了抵御病毒的侵袭，提高系统的防护能力。有效的杀毒软件也可以防御病毒的侵害，现在大多数杀毒软件和工具都具有实施监测系统内存、定期查杀系统磁盘的功能，并可以在文件打开前自动对文件进行检查。除软件防病毒外，采用防病毒卡和防病毒芯片也是十分有效的方法。这是一种软、硬件结合的防病毒方法。防病毒卡和芯片可与系统结合成一体，系统启动后，在加载执行前获得控制权并开始监测病毒，使病毒一进入内存即被查出。同时自身的检测程序固化在芯片中，病毒无法改变其内容，可有效地抵制病毒对自身的攻击。

2. 软件过滤

软件过滤的目的是识别某一类特殊的病毒，以防止它们进入系统和复制传播。这种方法已被用来保护一些大、中型计算机系统。如国外使用的一种 T-cell 程序集，对系统中的数据和程序用一种难以复制的印章加以保护，如果印章被改变，系统就认为发生了非法入侵。

3. 文件加密

文件加密是将系统中可执行文件加密，以避免病毒的危害。可执行文件是可被操作系统和其他软件识别和执行的文件。若病毒不能在可执行文件加密前感染该文件，或不能破译加密算法，则混入病毒代码的文件不能执行。即使病毒在可执行文件加密前感染了该文件，该文件解码后，病毒也不能向其他可执行文件传播，从而杜绝了病毒复制。文件加密对防御病毒十分有效，但由于系统开销较大，目前只用于特别重要的系统。为减少开销，文件加密也可采用另一种简单的方法，将可执行程序作为明文，并对其校验和进行单向加密，形成加密签名块，并附在可执行文件之后。加密的签名块在执行文件执行之前用公密钥解密，并与重新计算的校验和相比较，如有病毒入侵，造成可执行文件改变，则校验和不符，应停止执行并进行校验。

4. 备份恢复

数据备份是保证数据安全的重要措施，可以通过与备份文件的比较来判断是否有病毒入侵。当系统文件被病毒侵害，可用备份文件恢复原有系统。数据备份可采用自动方式，也可采用手动方式；可定期备份，也可按需备份。数据备份不仅可以用于被病毒侵害的数据恢复，而且可以在其他原因破坏了数据完整性以后进行系统恢复。

（二）病毒防范体系

防范网络病毒的过程实际上就是技术对抗的过程，反病毒技术也得适应病毒繁衍和传播方式的发展而不断调整。网络防病毒应该利用网络的优势，使网络防病毒逐渐成为网络安全体系的一部分。从防病毒、防黑客和灾难恢复等几个方面综合考虑，形成一整套安全机制，才可以最有效地保障整个网络的安全。今天的网络防病毒解决方案主要从以下几个方面着手进行病毒防治。

1. 以网为本，防重于治

防治病毒应该从网络整体考虑，从方便管理人员的工作着手，透过网络管理PC。例如，利用网络唤醒功能，在夜间对全网的PC进行扫描，检查病毒情况。利用在线报警功能，当网络上哪台机器出现故障、被病毒侵入时，网络管理人员都会知道，从而在管理中心就加以解决。

2. 与网络管理集成

网络防病毒最大的优势在于网络的管理功能，如果没有把网络管理加上，很难完成网络防毒的任务。管理与防范相结合，才能保证系统的良好运行。管理功能就是管理全部的网络设备，从 Hub、交换机、服务器到 PC、软盘的存取和局域网上的信息互通及与 Inter－net 的接入等。

3. 安全体系的一部分

计算机网络的安全威胁主要来自计算机病毒、黑客攻击和拒绝服务攻击三个方面，因而计算机的安全体系也应从这几个方面综合考虑，形成一整套的安全机制。防病毒软件、防火墙产品、可调整参数能够相互通信形成一整套的解决方案，才是最有效的网络安全手段。

4. 多层防御

多层防御体系将病毒检测、多层数据保护和集中式管理功能集成起来，提供了全面的病毒防护功能，从而保证了"治疗"病毒的效果。病毒检测只是病毒防护的支柱，多层次防御软件使用了三层保护功能实时扫描、完整性保护、完整性检验。

后台实时扫描驱动器能对未知的病毒，包括异形病毒和秘密病毒，进行连续的检测。它能对 E-mail 附加部分、下载的 Internet 文件（包括压缩文件）、软盘及正在打开的文件进行实时的扫描检验。扫描驱动器能阻止已被感染过的文件复制到服务器或工作站上。完整性保护可阻止病毒从一个受感染的工作站扩散到服务器。完整性保护不只是病毒检测，实际上它能制止病毒以可执行文件的方式感染和传播，还可以防止与未知病毒感染有关的文件崩溃和根除。完整性检验使系统无须冗余扫描并且能提高实时检验的性能。

5. 在网关、服务器上防御

大量的病毒针对网上应用程序进行攻击，这样的病毒存在于信息共享的网络介质上，因而要在网关上设防、网络前端实时杀毒。防范手段应集中在网络整体上，在个人计算机的硬件和软件、LAN 服务器、服务器上的网关、Internet 及 Intranet 的 Web site 上层层设防，对每种病毒都实行隔离、过滤。

第五章 网络攻防技术

第一节 防火墙安全

一、防火墙安全概述

防火墙是为了维护网络信息安全，通过防火墙来保证内部网络的安全，与外部安全可信度较低的网络环境之间建立一道屏障，通过相应的策略来控制其他用户对内部网络的访问行为，以防止未经授权的通信进出被保护的内部网络。

基于 Internet 体系结构的网络应用有两大部分，即 Intranet 和 Extranet。Intranet 是借助 Intranet 的技术和设备在 Intranet 上构造出企业 WWW 网，可放入企业全部信息，实现企业信息资源的共享；而 Extranet 是在电子商务、协同合作的需求下，用 Intranet 间的通道获得其他网络中允许共享的、有用的信息。因此按照企业内部的安全体系结构，防火墙应当满足如下的要求：①保证对主机和应用安全访问；②保证多种客户机和服务器的安全性；③保护关键部门不受到来自内部和外部的攻击，为通过 Internet 与远程访问的雇员、客户、供应商提供安全通道。

因此，防火墙是在两个网络之间执行控制策略的系统（包括硬件和软件），目的是保护网络不被可疑人入侵。本质上，它遵从的是一种允许或组织业余来往的网络通信安全机制，也就是提供可控的过滤网络通信，或者只允许授权的通信。

通常，防火墙是位于内部网或 Web 站点与 Internet 之间的一个路由器和一台计算机（通常称为堡垒主机）。其目的如同一个安全门，为门内的部门提供安全。就像工作在门前的安全卫士，控制并检查站点的访问者。

防火墙是由 IT 管理员为保护自己的网络免遭外界非授权访问，但允许与 Internet 互连而发展起来的。从网际角度，防火墙可以看成是安装在两个网络之间的一道栅栏，根据安全计划和安全网络中的定义来保护其后面的网络。因此，从理论上讲，由软件和硬件组成的防火墙可以做到：①所有进出网络的通信流都应该通过防火墙；②所有穿过防火墙的通信流都必须有安全策略和计划的确认及授权；③防火墙是穿不透的。

利用防火墙能保护站点不被任意互连，甚至能建立跟踪工具，帮助总结并记录有关连接来源、服务器提供的通信量以及试图闯入者的任何企图。由于单个防火墙不能防止所有可能的威胁，因此，防火墙只能加强安全，而不能保证安全。

二、防火墙的实现技术

（一）包过滤技术

包过滤技术基于路由器技术，因而包过滤防火墙又称包过滤路由器防火墙。

包过滤技术的原理在于监视并过滤网络上流入流出的 IP 包，拒绝发送可疑的包。基于协议特定的标准，路由器在其端口能够区分包和限制包的能力称为包过滤。由于 Internet 与 Intranet 的连接多数都要使用路由器，所以路由器成为内外通信的必经端口，过滤路由器也可以称为包过滤路由器或筛选路由器。

防火墙常常就是这样一个具备包过滤功能的简单路由器，这种防火墙应该是足够安全的，但前提是配置合理。然而，一个包过滤规则是否完全严密及必要是很难判定的，因而在安全要求较高的场合，通常还配合使用其他的技术来加强安全性。

路由器逐一审查数据包以判定它是否与其他包过滤规则相匹配。每个包有两个部分：数据部分和包头。过滤规则以用于 IP 顺行处理的包头信息为基础，不理会包内的正文信息内容。包头信息包括：IP 源地址、IP 目的地址、封装协议（TCP、UDP 或 IPTunnel）、TCP/UDP 源端口、ICMP 包类型、包输入接口和包输出接口。如果找到一个匹配，且规则允许此包，这个包则根据路由表中的信息前行。如果找到一个匹配，且规则拒绝此包，这个包则被舍弃。如果无匹配规则，一个用户配置的缺省参数将决定此包是前行还是被舍弃。

包过滤规则允许路由器取舍以一个特殊服务为基础的信息流，因为大多数服务检测器驻留于众所周知的 TCP/UDP 端口。如 Web 服务的端口号为 80，如果要禁止 http 连接，则只要路由器丢弃端口值为 80 的所有的数据包即可。

在包过滤技术中定义一个完善的安全过滤规则是非常重要的。通常，过滤规则以表格的形式表示，其中包括以某种次序排列的条件和动作序列。每当收到一个包时，则按照从前至后的顺序与表格中每行的条件比较，直到满足某一行的条件，然后执行相应的动作。

包过滤防火墙逻辑简单，价格低廉，易于安装和使用，网络性能和透明性好。它通常安装在路由器上，而路由器是内部网络与 Internet 连接必不可少的设备，因此，在原有网络上增加这样的防火墙几乎不需要任何额外的费用。包过滤防火墙的优点主要体现在以下几个方面。

1. 不用改动应用程序

包过滤防火墙不用改动客户机和主机上的应用程序，因为它工作在网络层和传输层，与应用层无关。

2. 一个过滤路由器能协助保护整个网络

包过滤防火墙的主要优点之一，是一个单个的、恰当放置的包过滤路由器有助于保护整个网络。如果仅有一个路由器连接内部与外部网络，则不论内部网络的大小、内部拓扑结构如何，通过那个路由器进行数据包过滤，在网络安全保护上就能取得较好的效果。

3. 数据包过滤对用户透明

数据包过滤是在 IP 层实现的，Internei 用户根本感觉不到它的存在；包过滤不要求任何自定义软件或者客户机配置；它也不要求用户经过任何特殊的训练或者操作，使用起来很方便。较强的"透明度"是包过滤的一大优势。

4. 过滤路由器速度快、效率高

过滤路由器只检查报头相应的字段，一般不查看数据包的内容，而且某些核心部分是由专用硬件实现的，因此，其转发速度快、效率较高。

总之，包过滤技术是一种通用、廉价、有效的安全手段。通用，是因为它不针对各个具体的网络服务采取特殊的处理方式，而是对各种网络服务都通用；廉价，是因为大多数路由器都提供分组过滤功能，不用再增加更多的硬件和软件；有效，是因为它能在很大程度上满足企业的安全要求。

（二）应用代理技术

代理服务技术是一种较新型的防火墙技术，它分为应用层网关和电路层网关。代理服务器是指代表客户处理连接请求的程序。当代理服务器得到一个客户的连接意图时，它将核实客户请求，并用特定的安全化的 Proxy 应用程序来处理连接请求，将处理后的请求传递到真实的服务器上，然后接收服务器应答，并进行进一步处理后，将答复交给发出请求的最终客户。代理服务器在外部网络向内部网络申请服务时发挥了中间转接和隔离内、外部网络的作用，因此，又称为代理防火墙。

代理防火墙工作于应用层，且针对特定的应用层协议。代理防火墙通过编程来弄清用户应用层的流量，并能在用户层和应用协议层间提供访问控制；而且还可用来保持一个所有应用程序使用的记录。记录和控制所有进出流量的能力是应用层网关的主要优点之一。

代理服务器作为内部网络客户端的服务器，拦截住所有请求，也向客户端转发响应。代理客户机负责代表内部客户端向外部服务器发出请求，当然也向代理服务器转发响应。代理服务技术的特点如下：

1. 易于配置

由于代理是一个软件，因此，它较过滤路由器更易配置，配置界面十分友好。如果代理实现得好，可以对配置协议要求较低，从而避免配置错误。

2. 能生成各项记录

由于代理工作在应用层，它检查各项数据，因此，可以按一定准则，让代理生成各项日志、记录。这些日志、记录对于流量分析、安全检验是非常重要的。当然，也可以用于计费等应用。

3. 灵活、完全地控制进出流量和内容

通过采取一定的措施，按照一定的规则，可以借助代理实现一整套的安全策略。例如，可以控制"谁"和"什么"，还有"时间"和"地点"。

4. 过滤数据内容

用户可以把一些过滤规则应用于代理，让它在高层实现过滤功能，如文本过滤、图像过滤、预防病毒或扫描病毒等。

5. 能为用户提供透明的加密机制

用户通过代理进出数据，可以让代理完成加/解密的功能，从而方便用户，确保数据的机密性。这点在虚拟专用网中特别重要。代理可以广泛地用于企业外部网中，提供较高安全性的数据通信。

6. 与其他安全手段集成

目前的安全问题解决方案很多，如认证、授权、账号、数据加密、安全协议（SSL）等。如果把代理与这些手段联合使用，将大大增加网络安全性。

（1）应用层网关防火墙

应用层网关（Application Level Gateways，ALG）防火墙是传统代理型防火墙，在网络应用层上建立协议过滤和转发功能。它针对特定的网络应用服务协议使用指定的数据过滤逻辑，并在过滤的同时对数据包进行必要的分析、登记和统计，形成报告。

应用层网关防火墙的核心技术就是代理服务器技术，它是基于软件的，通常安装在专用工作站系统上。这种防火墙通过代理技术参与到一个TCP连接的全过程，并在网络应用层上建立协议过滤和转发功能，因此，又称为应用层网关。

当某用户（不管是远程的还是本地的）想和一个运行代理的网络建立联系时，此代理（应用层网关）会阻塞这个连接，然后在过滤的同时对数据包进行必要的分析、登记和统计，形成检查报告。如果此连接请求符合预定的安全策略或规则，代理防火墙便会在用户和服务器之间建立一个"桥"，从而保证其通信。对不符合预定安全规则的，则阻塞或抛弃。换句话说，"桥"上设置了很多控制。

同时，应用层网关将内部用户的请求确认后送到外部服务器，再将外部服务器的响应回送给用户。这种技术对 ISP 很常见，通常用于在 Web 服务器上高速缓存信息，并且扮演 Web 客户和 Web 服务器之间的中介角色。它主要保存 Internet 上那些最常用和最近访问过的内容，在 Web 上，代理首先试图在本地寻找数据；如果没有，再到远程服务器上去查找。为用户提供了更快的访问速度，并提高了网络的安全性。

应用层网关防火墙，其最主要的优点就是安全，这种类型的防火墙被网络安全专家和媒体公认为是最安全的防火墙。由于每一个内外网络之间的连接都要通过代理的介入和转换，通过专门为特定的服务编写的安全化的应用程序进行处理，然后由防火墙本身提交请求和应答，没有给内外网络的计算机以任何直接会话的机会，因此，避免了入侵者使用数据驱动类型的攻击方式入侵内部网络。从内部发出的数据包经过这样的防火墙处理后，可以达到隐藏内部网结构的作用；而包过滤类型的防火墙是很难彻底避免这一漏洞的。

应用层网关防火墙同时也是内部网与外部网的隔离点，起着监视和隔绝应用层通信流的作用，它工作在 OSI 模型的最高层，掌握着应用系统中可用作安全决策的全部信息。

代理防火墙的最大缺点就是速度相对比较慢，当用户对内外网络网关的吞吐量要求比较高时，代理防火墙就会成为内外网络之间的瓶颈。幸运的是，目前用户接入 Internet 的速度一般都远低于这个数字。在现实环境中，也要考虑使用包过滤类型防火墙来满足速度要求的情况，大部分是高速网之间的防火墙。

（2）电路级网关防火墙

电路级网关（Circuit Level Gateway，CLG）或 TCP 通道防火墙。在电路级网关防火墙中，数据包被提交给用户的应用层进行处理，电路级网关用来在两个通信的终点之间转换数据包。

电路级网关是建立应用层网关的一个更加灵活的方法。它是针对数据包过滤和应用网关技术存在的缺点而引入的防火墙技术，一般采用自适应代理技术，也称为自适应代理防火墙。

在电路层网关中，需要安装特殊的客户机软件。组成这种类型防火墙的基本要素有两个，即自适应代理服务器与动态包过滤器。在自适应代理与动态包过滤器之间存在一个控制通道。

在对防火墙进行配置时，用户仅仅将所需要的服务类型和安全级别等信息通过相应 Proxy 的管理界面进行设置就可以了。然后，自适应代理就可以根据用户的配置信息，决定是使用代理服务从应用层代理请求还是从网络层转发数据包。如果是后者，它将动态地通知包过滤器增减过滤规则，满足用户对速度和安全性的双重要求。因此，它结合了应用层网关防火墙的安全性和包过滤防火墙的高速度等优点，在毫不损失安全性的基础之上将代理型防火墙的性能提高 10 倍以上。

电路级网关防火墙的特点是将所有跨越防火墙的网络通信链路分为两段。防火墙内外计算机系统间应用层的"链接"由两个终止代理服务器上的"链接"来实现，外部计算机的网络链路只能到达代理服务器，从而起到了隔离防火墙内外计算机系统的作用。

此外，代理服务也对过往的数据包进行分析、注册登记，形成报告，同时当发现被攻击迹象时会向网络管理员发出警报，并保留攻击痕迹。

（三）状态检测技术

相较于前面的包过滤技术，状态包检测技术增加了更多的包和包之间的安全上下文检查，以达到与应用级代理防火墙相类似的安全性能。状态包检测防火墙在网络层拦截输入包，并利用足够的企图连接的状态信息做出决策。

1. 状态检测技术的原理

基于状态检测技术的防火墙也称为动态包过滤防火墙。它通过一个在网关处执行网络安全策略的检测引擎而获得非常好的安全特性。检测引擎在不影响网络正常运行的前提下，采用抽取有关数据的方法对网络通信的各层实施检测。它将抽取的状态信息动态地保存起来作为以后执行安全策略的参考。检测引擎维护一个动态的状态信息表并对后续的数据包进行检查，一旦发现某个连接的参数有意外变化，就立即将其终止。

状态检测防火墙监视和跟踪每一个有效连接的状态，并根据这些信息决定是否允许网络数据包通过防火墙。它在协议栈底层截取数据包，然后分析这些数据包的当前状态，并将其与前一时刻相应的状态信息进行比较，从而得到对该数据包的控制信息。

检测引擎支持多种协议和应用程序，并可以方便地实现应用和服务的扩充。当用户访问请求到达网关操作系统前，检测引擎通过状态监视器要收集有关状态信息，结合网络配置和安全规则做出接纳、拒绝、身份认证及报警等处理动作。一旦有某个访问违反了安全规则，则该访问就会被拒绝，记录并报告有关状态信息。

状态检测防火墙试图跟踪通过防火墙的网络连接和包，这样，防火墙就可以使用一组附加的标准，以确定是否允许和拒绝通信。它是在使用了基本包过滤防火墙的通信上应用一些技术来做到这点的。

在包过滤防火墙中，所有数据包都被认为是孤立存在的，不关心数据包的历史或未来，数据包的允许和拒绝的决定完全取决于包自身所包含的信息，如源地址、目的地址和端口号等。状态检测防火墙跟踪的则不仅仅是数据包中所包含的信息，而且还包括数据包的状态信息。为了跟踪数据包的状态，状态检测防火墙还记录有用的信息以帮助识别包，如已有的网络连接、数据的传出请求等。

状态检测技术采用的是一种基于连接的状态检测机制，将属于同一连接的所有包作为一个整体的数据流看待，构成连接状态表，通过规则表与状态表的共同配合，对表中的各个连接状态因素加以识别。

2. 跟踪连接状态的方式

状态检测技术跟踪连接状态的方式取决于数据包的协议类型，具体如下：

(1) TCP 包

当建立起一个 TCP 连接时，通过的第一个包被标有包的 SYN 标志。通常来说，防火墙丢弃所有外部的连接企图，除非已经建立起某条特定规则来处理它们。对内部主机试图连到外部主机的数据包，防火墙标记该连接包，允许响应及随后在两个系统之间的数据包通过，直到连接结束为止。在这种方式下，传入的包只有在它是响应一个已建立的连接时，才会被允许通过。

(2) UDP 包

UDP 包比 TCP 包简单，因为它们不包含任何连接或序列信息。它们只包含源地址、目的地址、校验和携带的数据。这种信息的缺乏使得防火墙确定包的合法性很困难，因为没有打开的连接可利用，以测试传入的包是否应被允许通过。

但是，如果防火墙跟踪包的状态，就可以确定。对传入的包，如果它所使用的地址和 UDP 包携带的协议与传出的连接请求匹配，则该包就被允许通过。与 TCP 包一样，没有传入的 UDP 包会被允许通过，除非它是响应传出的请求或已经建立了指定的规则来处理它。对其他种类的包，情况与 UDP 包类似。防火墙仔细地跟踪传出的请求，记录下所使用的地址、协议和包的类型，然后对照保存过的信息核对传入的包，以确保这些包是被请求的。

3. 状态检测技术的特点

状态检测防火墙结合了包过滤防火墙和代理服务器防火墙的长处，克服了两者的不足，能够根据协议、端口，以及源地址、目的地址的具体情况决定数据包是否允许通过。

(1) 高安全性

状态检测防火墙工作在数据链路层和网络层之间，它从这里截取数据包，因为数据链路层是网卡工作的真正位置，网络层是协议栈的第一层，这样防火墙确保了截取和检查所有通过网络的原始数据包。

防火墙截取到数据包就处理它们，首先根据安全策略从数据包中提取有用信息，保存在内存中；然后将相关信息组合起来，进行一些逻辑或数学运算，获得相应的结论，进行相应的操作，如允许数据包通过、拒绝数据包、认证连接和加密数据等。

状态检测防火墙虽然工作在协议栈较低层，但它检测所有应用层的数据包，从中提取有用信息，如 IP 地址、端口号和上层数据等，通过对比连接表中的相关数据项，大大降低了把数据包伪装成一个正在使用的连接的一部分的可能性，这样安全性得到很大提高。

(2) 高效性

状态检测防火墙工作在协议栈的较低层，通过防火墙的所有数据包都在低层处理，而不需要协议栈的上层来处理任何数据包，这样减少了高层协议栈的开销，从而提高了执行效率；此外，在这种防火墙中一旦一个连接建立起来，就不用再对这个连接做更多工作，系统可以去处理别的连接，执行效率明显提高。

(3) 伸缩性和易扩展性

状态检测防火墙不像代理防火墙那样，每一个应用对应一个服务程序，这样所能提供的服务是有限的，而且当增加一个新的服务时，必须为新的服务开发相应的服务程序，这样系统的可伸缩性和可扩展性降低。

状态检测防火墙不区分每个具体的应用，只是根据从数据包中提取的信息、对应的安全策略及过滤规则处理数据包，当有一个新的应用时，它能动态产生新的应用的规则，而不用另外写代码，因此，具有很好的伸缩性和扩展性。

(4) 针对性

它能对特定类型的数据包中的数据进行检测。由于在常用协议中存在着大量众所周知的漏洞，其中一部分漏洞来源于一些可知的命令和请求等，因而利用状态包检查防火墙的检测特性使得它能够通过检测数据包中的数据来判断是否是非法访问命令。

（5）应用范围广

状态检测防火墙不仅支持基于 TCP 的应用，而且支持基于无连接协议的应用，如 RPC 和基于 UDP 的应用（DNS、WAIS 和 NFS 等）。对于无连接的协议，包过滤防火墙和应用代理对此类应用要么不支持，要么开放一个大范围的 UDP 端口，这样暴露了内部网，降低了安全性。

状态检测防火墙对基于 UDP 应用安全的实现是通过在 UDP 通信之上保持一个虚拟连接来实现的。防火墙保存通过网关的每一个连接的状态信息，允许穿过防火墙的 UDP 请求包被记录，当 UDP 包在相反方向上通过时，依据连接状态表确定该 UDP 包是否是被授权的，若已被授权，则通过，否则拒绝。如果在指定的一段时间响应数据包没有到达，则连接超时，该连接被阻塞，这样所有的攻击都被阻塞，UDP 应用安全实现了。

状态检测防火墙也支持 RPC，因为对于 RPC 服务来说，其端口号是不固定的，因此，简单地跟踪端口号是不能实现该种服务的安全的，状态检测防火墙通过动态端口映射图记录端口号，为验证该连接还保存连接状态与程序号等，通过动态端口映射图来实现此类应用的安全。

（四）地址转换技术

地址转换技 NAT 能透明地对所有内部地址作转换，使外部网络无法了解内部网络的内部结构，同时使用 NAT 的网络，与外部网络的连接只能由内部网络发起，极大地提高了内部网络的安全性。

NAT 最初设计目的是用来增加私有组织的可用地址空间和解决将现有的私有 TCP/IP 网络连接到互联网上的 IP 地址编号问题。私有 IP 地址只能作为内部网络号，不能在互联网主干网上使用。NAT 技术通过地址映射保证了使用私有 IP 地址的内部主机或网络能够连接到公用网络。NAT 网关被安放在网络末端区域（内部网络和外部网络之间的边界点上），并且在把数据包发送到外部网络之前，将数据包的源地址转换为全球唯一的 IP 地址。

由此可见，NAT 在过去主要是被应用在进行处理的动态负载均衡以及高可靠性系统的容错备份的实现上，为了解决当时传统 IP 网络地址紧张的问题。它在解决 IP 地址短缺的同时提供了如下功能：①内部主机地址隐藏。②网络负载均衡。③网络地址交叠。正是由于地址转换技术提供了内部主机地址隐藏的技术，使其成为防火墙实现中经常采用的核心技术之一。

NAT 技术一般的形式为 NAT 网关依据一定的规则，对所有进出的数据包进行源与目的地址识别，并将由内向外的数据包中的源地址替换成一个真实地址（注册过的合法地址），而将由外向内的数据包中的目的地址替换成相应的虚地址（内部用的非注册地址）。NAT 技术既缓解了少量合法 IP 地址和大量主机之间的矛盾，又对外隐藏了内部主机的 IP 地址，提高了安全性。因此，NAT 经常用于小型办公室、家庭等网络，让多个用户分享单一的 IP 四肢，并能为 Internet 连接提供一些安全机制。

第二节 网络病毒与防范

一、病毒的工作原理

了解计算机病毒的结构及其作用机制，从原理上剖析计算机病毒，能够为计算机病毒的防范技术提供理论依据和技术支持。

（一）计算机病毒的结构

计算机病毒与生物病毒一样，它不能独立存活，而是通过寄生在其他合法程序上进行传播的。而感染有病毒的程序即称为病毒的寄生体（或宿主程序）。

1. 病毒的逻辑结构

尽管病毒的种类繁多、形式各异，但是它们作为一类特殊的计算机程序，从宏观上来划分，都具有相同的逻辑结构。即：①病毒的引导模块。②病毒的传染模块。③病毒的发作（表现和破坏）模块。

（1）引导模块

计算机病毒要对系统进行破坏，争夺系统控制权是至关重要的，一般的病毒都是由引导模块从系统获取控制权，引导病毒的其他部分工作。

当用户使用带毒的软盘或硬盘启动系统，或加载执行带毒程序时，操作系统将控制权交给该程序并被病毒载入模块截取，病毒由静态变为动态。引导模块把整个病毒程序读入内存安装好并使其后面的两个模块处于激活状态，再按照不同病毒的设计思想完成其他工作。

（2）传染模块

计算机病毒的传染是病毒由一个系统扩散到另一个系统，由一张磁盘传入另一张磁盘，由一个系统传入到另一张磁盘，由一个网络传播至另一个网络的过程。计算机病毒的传染模块担负着计算机病毒的扩散传染任务，它是判断一个程序是否是病毒的首要条件，是各种病毒必不可少的模块。各种病毒传染模块大同小异，区别主要在于传染条件。

（3）发作模块

计算机病毒潜伏在系统中处于发作就绪状态，一旦病毒发作就执行病毒设计者的目的操作。病毒发作时，一般都有一定的表现。表现是病毒的主要目的之一，有时在屏幕上显示出来，有时则表现为破坏系统数据。发作模块主要完成病毒的表现和破坏，所以该模块也称为表现或破坏模块。

计算机病毒的各模块是相辅相成的。传染模块是发作模块的携带者，发作模块依赖于传染模块侵入系统。如果没有传染模块，则发作模块只能称为一种破坏程序。但如果没有发作模块，传染模块侵入系统后也不能对系统起到一定的破坏作用。而如果没有引导模块完成病毒的驻留内存，获得控制权的操作，传染模块和发作模块也就根本没有执行的机会。

2. 病毒的磁盘存储结构

计算机病毒感染磁盘后，它在磁盘上是如何存放的呢？不同类型的病毒，在磁盘上的存储结构是不同的。

（1）磁盘空间结构

经过格式化后的磁盘应包括：主引导记录区（硬盘）、引导记录区、文件分配表（FAT）、目录区和数据区。

①主引导记录区和引导记录区存放 DOS 系统启动时所用的信息。

②FAT 是反映当前磁盘扇区使用状况的表。每张 DOS 盘含有两个完全相同的 FAT 表，即 FAT1 和 FAT2，FAT2 是一张备份表。FAT 与目录一起对磁盘数据区进行管理。

③目录区存放磁盘上现有的文件目录及其大小、存放时间等信息。

④数据区存储和文件名对应的文件内容数据。

（2）系统型病毒的磁盘存储结构

系统型（引导型）病毒是指专门传染操作系统启动扇区的病毒，它一般传染硬盘主引导扇区和磁盘 DOS 引导扇区。它的存储结构是：病毒的一部分存放在磁盘的引导扇区中，而另一部分则存放在磁盘其他扇区中。

病毒程序在感染一个磁盘时，首先根据 FAT 表在磁盘上找到一个空白簇（如果病毒程序的第二部分，要占用多个簇，则需要找到一个连续的空白簇），然后将病毒程序的第二部分，以及磁盘原引导扇区的内容写入该空白簇，接着将病毒程序的第一部分写入磁盘引导扇区。

当系统型病毒占用这些簇后，随即将在 FAT 表中登记项内容标记为坏簇（FF7H）是避免磁盘在建立文件时将病毒覆盖，因为引导型病毒没有对应的文件名。

（3）文件型病毒的磁盘存储结构

文件型病毒是指专门感染系统中可执行文件，即扩展名为 COM、EXE 的文件。对于文件型的病毒，其程序依附在被感染文件的首部、尾部、中部或空闲部位，病毒程序并没有独立占用磁盘上的空白簇。即，病毒程序所占用的磁盘空间依赖于其宿主程序所占用的磁盘空间，但是，病毒入侵后一定会使宿主程序占用的磁盘空间增加。绝大多数文件型病毒都属于外壳型病毒。

（二）计算机病毒的作用机制

计算机病毒从结构上可以分为三大模块，每一模块各有其自己的工作原理，称为作用机制。计算机病毒的作用机制分别称为引导机制、传染机制和破坏机制。

1. 中断与计算机病毒

中断是CPU处理外部突发事件的一个重要技术。它能使CPU在运行过程中对外部事件发出的中断请求及时地进行处理，处理完成后又立即返回断点，继续进行CPU原来的工作。

CPU处理中断，规定了中断的优先权，由高到低为：①除法错。②不可屏蔽中断。③可屏蔽中断。④单步中断。

由于操作系统的开放性，用户可以修改扩充操作系统，使计算机实现新的功能。修改操作系统的主要方式之一就是扩充中断功能。计算机提供很多中断，合理合法地修改中断会给计算机增加非常有用的新功能。如INT 10H是屏幕显示中断，原只能显示英文，而在各种汉字系统中都可以通过修改该中断使其能显示汉字。而在另一方面，计算机病毒则篡改中断为其达到传染、激发等目的服务。与病毒有关的重要中断如下：①INT 08H和INT 1CH的定时中断，每秒调用18.2次，有些病毒就是利用它们的计时判断激发条件。②INT 09H键盘输入中断，病毒用于监视用户击键情况。③INT 10H屏幕输入输出，一些病毒用于在屏幕上显示信息来表现自己。④INT 13H磁盘输入输出中断，引导型病毒用于传染病毒和格式化磁盘。⑤INT 21H DOS，功能调用，包含了DOS的大部分功能，已发现的绝大多数文件型病毒修改该中断，因此也成为防病毒的重点监视部位。⑥INT 24H DOS的严重错误处理中断，文件型病毒经常进行修改，以防止传染写保护磁盘时被发现。

中断程序的入口地址存放在计算机内存的最低端，病毒窃取和修改中断的入口地址获得中断的控制权，在中断服务过程中插入病毒体。

总之，中断可以被用户程序所修改，从而使得中断服务程序被用户指定的程序所替代。这样虽然大大地方便了用户，但也给计算机病毒制造者以可乘之机。病毒正是通过修改中断以使该中断指向病毒自身来进行发作和传染的。

2. 计算机病毒的传染机制

计算机病毒是不能独立存在的，它必须寄生于一个特定的寄生宿主（或称载体）之上。所谓传染是指计算机病毒由一个载体传播到另一个载体，由一个系统进入另一个系统的过程。传染性是计算机病毒的主要特性。

计算机病毒的传染均需要中间媒介。对于计算机网络系统来说，计算机病毒的传染是指从一个染有病毒的计算机系统或工作站系统进入网络后，传染给网络中另一个计算机系统。对于单机运行的计算机系统，指的是计算机病毒从一个存储介质扩散到另一个存储介质之中，这些存储介质如软磁盘、硬磁盘、磁带、光盘等；或者指计算机病毒从一个文件扩散到另一个文件中。计算机病毒的主要传染方式如下：①病毒程序利用操作系统的引导机制或加载机制进入内存；当计算机系统用一个已感染病毒的磁盘启动或者运行一个感染了病毒的文件时，病毒就进入内存。②从内存的病毒传染新的存储介质或程序文件是利用操作系统的读写磁盘的中断或加载机制来实现的。位于内存中的病毒时刻监视着系统的每一个操作，只要当前的操作满足病毒所要求的传染条件，如读写一个没有感染过该种病毒的磁盘，或者执行一个没有感染过的程序文件，病毒程序就立即把自身复制或变异加到被攻击的目标上去，完成病毒的传染过程。

3. 计算机病毒的破坏机制

破坏机制在设计原则、工作原理上与传染机制基本相同。它也是通过修改某一中断向量入口地址，使该中断向量指向病毒程序的破坏模块。这样当系统或被加载的程序访问该中断向量时，病毒破坏模块被激活，在判断设定条件满足的情况下，对系统或磁盘上的文件进行破坏活动。计算机病毒的破坏行为体现了病毒的杀伤力。病毒破坏行为的激烈程度取决于病毒作者的主观愿望和他所具有的技术能力。其主要破坏部位有：系统数据区、文件、内存、系统运行、运行速度、磁盘、屏幕显示、键盘、打印机、CMOS 和主板等。

（三）典型的网络病毒的工作原理

计算机病毒的种类繁多，它们的具体工作原理也多种多样，这里只对几种常见的病毒工作原理进行剖析。

1. 引导型病毒的工作原理

引导扇区是硬盘或软盘的第一个扇区，是存放引导指令的地方，这些引导指令对于操作系统的装载起着十分重要的作用。通常来说，引导扇区在 CPU 的运行过程中最先获得对 CPU 的控制权，病毒一旦控制了引导扇区，也就意味着病毒立即控制了整个计算机系统。

引导型病毒程序会用自己的代码替换原始的引导扇区信息，并把这些信息转移到磁盘的其他扇区中。当系统需要访问这些引导数据信息时，病毒程序会将系统引导到存储这些引导信息的新扇区，从而使系统无法发觉引导信息的转移，增强了病毒自身的隐蔽性。

引导型病毒可以将感染进行有效地传播。病毒程序将其部分代码驻留在内存中,这样任何插入此系统驱动器中的磁盘都将感染此病毒。当这些感染了引导型病毒的磁盘在其他计算机系统中使用时,这个循环就可以继续下去了。

引导型病毒按其存储方式划分为覆盖型和转移型两种。覆盖型引导病毒在传染磁盘引导区时,病毒代码将直接覆盖正常引导记录;转移型引导病毒在传染磁盘引导区之前保留了原引导记录,并转移到磁盘的其他扇区,以备将来病毒初始化模块完成后仍然由原引导记录完成系统正常引导。绝大多数引导型病毒都是转移型的引导病毒。

2. 文件型病毒的工作原理

文件型病毒攻击的对象是可执行程序,病毒程序将自己附着或追加在后缀名为 .exe 或 .com 的可执行文件上。

我们把所有通过操作系统的文件系统进行感染的病毒都称作文件病毒,所以这是一类数目巨大的病毒。理论上可以制造这样一个病毒,该病毒可以感染基本上所有操作系统的可执行文件。目前已经存在这样的文件病毒,可以感染所有标准的 DOS 可执行文件包括批处理文件、DOS 下的可加载驱动程序(.SYS)文件以及普通的 COM,EXE 可执行文件。

除此之外,还有一些病毒可以感染高级语言程序的源代码,开发库和编译过程所生成的中间文件。病毒也可能隐藏在普通的数据文件中,但是这些隐藏在数据文件中的病毒不是独立存在的,必须需要隐藏在普通可执行文件中的病毒部分来加载这些代码。

二、反病毒技术

理想的对付病毒的方法就是预防,即不让病毒进入系统。一般来说,这个目标是不可能达到的,但预防可以减少病毒攻击的成功率。一个合理的反病毒方法,应包括以下几个措施:①检测:能够确定一个系统是否已发生病毒感染,并能正确确定病毒的位置。②识别:检测到病毒后,能够辨别出病毒的种类。③清除:识别病毒之后,对感染病毒的程序进行检查,清除病毒并使程序还原到感染之前的状态,以保证病毒不会继续传播。如果检测到病毒感染,但无法识别或清除病毒,解决方法是删除被病毒感染的文件,重新安装未被感染的版本。

(一)反病毒技术的特点

根据众多计算机病毒在网络上传播、破坏的情况,以及对目前计算机网络防病毒产品性能测试的综合评价,不难得出,区别于单机反病毒技术,计算机网络反病毒技术至少具备如下几个特点。

1. 网络反病毒技术的安全度取决于"木桶理论"

被计算机安全界广泛采用的著名的"木桶理论"认为，整个系统的安全防护能力，取决于系统中安全防护能力最薄弱的环节。计算机网络病毒防治是计算机安全极为重要的一个方面，它同样也适用于这一理论。一个计算机网络，对病毒的防御能力取决于网络中病毒防护能力最薄弱的一个节点。

这个特点是网络反病毒技术区别于单机反病毒技术的重要标志。对各自独立的微型机、工作站等未联网的计算机系统来说，系统中各单元对病毒的防御能力处于同一水平线上，使用反病毒技术只能整体性地提高计算机系统对病毒的防御能力，故单机反病毒技术不受木桶理论制约。对于计算机网络系统，情况则截然相反。由于各节点对于病毒的防御能力并不相同，在某一特定时刻，整个网络系统对病毒的防御能力只能取决于最薄弱的环节。所以作为一种网络反病毒技术，最重要的一点就是：对网络系统形成统一的、完整的病毒防御体系。

2. 网络反病毒技术尤其是网络病毒实时监测技术应符合"最小占用"原则

网络反病毒技术符合"最小占用"原则，对网络运行效率不产生本质影响。

网络反病毒产品是网络应用的辅助产品，因此对网络反病毒技术，尤其是网络病毒实时监测技术，在自身的运行中不应影响网络的正常运行。

网络反病毒技术的应用，理所当然会占用网络系统资源（增加网络负荷、额外占用CPU、占用服务器内存等）。正因如此，网络反病毒技术应符合"最小占用"原则，以保证网络反病毒技术和网络本身都能发挥出应有的正常功能。

网络反病毒技术之所以必须具备这个特点，是因为现代网络应用对网络吞吐量要求的日渐高涨。对于一个事务关键型的网络来说，在网络吞吐量高峰期间，过度的网络资源占用无异于整个网络的瘫痪。那些对系统资源占用过高的网络反病毒技术（尤其是境外的一些产品），对用户应用来说就肯定是不可取的。

对单机反病毒技术来说，"最小占用"却并不重要，因为通常单机的整个系统资源都被某一个软件独占，即使运行的是多任务操作系统，一般也不存在事务关键型的应用。所以"最小占用"原则也是网络反病毒技术区别于单机反病毒技术的另一个主要标志。

3. 网络反病毒技术的兼容性是网络防毒的重点与难点

网络上集成了那么多的硬件和软件，流行的网络操作系统也有好几种，按照一定网络反病毒技术开发出来的网络反病毒产品，要运行于这么多的软、硬件之上，与它们和平共处，实在是非常之难，远比单机反病毒产品复杂。这既是网络反病毒技术必须面对的难点，又是其必须解决的重点。

（二）常用反病毒技术

从具体实现技术的角度，常用的反病毒技术有以下几种。

1. 特征码技术

特征码技术是基于对已知病毒分析、查解的反病毒技术。目前大多数杀病毒软件采用的方法主要是特征码查毒方案与人工解毒并行，亦即在查病毒时采用特征码查毒，在杀病毒时采用人工编制解毒代码。特征码查毒方案实际上是人工查毒经验的简单表述，它再现了人工辨识病毒的一般方法，采用了"同一病毒或同类病毒的某一部分代码相同"的原理，也就是说，如果病毒及其变种、变形病毒具有同一性，则可以对这种同一性进行描述，并通过对程序体与描述结果（亦即"特征码"）进行比较来查找病毒。而并非所有病毒都可以描述其特征码，很多病毒都是难以描述甚至无法用特征码进行描述的。使用特征码技术需要实现一些补充功能，例如近来的压缩包、压缩可执行文件自动查杀技术。

但是，特征码查毒方案也具有极大的局限性。特征码的描述取决于人的主观因素，从长达数千字节的病毒体中撷取 10 余字节的病毒特征码，需要对病毒进行跟踪、反汇编以及其他分析，如果病毒本身具有反跟踪技术和变形、解码技术，那么跟踪和反汇编以获取特征码的情况将变得极其复杂。此外，要撷取一个病毒的特征码，必然要获取该病毒的样本。再由于对特征码的描述有许多种，因此特征码方法在国际上很难得到广域性支持。特征码查病毒主要的技术缺陷表现在较大的误查和误报上，而杀病毒技术又导致了反病毒软件的技术迟滞。

2. 实时监视技术

实时监视技术为计算机构筑起一道动态、实时的反病毒防线，通过修改操作系统，使操作系统本身具备反病毒功能，拒病毒于计算机系统之门外。时刻监视系统当中的病毒活动，时刻监视系统状况，时刻监视软盘、光盘、因特网、电子邮件上的病毒传染，将病毒阻止在操作系统外部。且优秀的反病毒软件由于采用了与操作系统的底层无缝连接技术，实时监视器占用的系统资源极小，用户一方面完全感觉不到反病毒软件对机器性能的影响，另一方面根本不用考虑病毒的问题。只要反病毒软件实时地在系统中工作，病毒就无法侵入我们的计算机系统。可以保证反病毒软件只需一次安装，今后计算机运行的每一秒钟都会执行严格的反病毒检查，使通过因特网、光盘、软盘等途径进入计算机的每一个文件都安全无毒，如有毒则自动进行杀除。

3. 虚拟机技术

虚拟机技术是启发式探测未知病毒的反病毒技术。虚拟机技术的主要作用是能够运行一定规则的描述语言。由于病毒的最终判定准则是其复制传染性，而这个标准是不易被使用和实现的，因此如果病毒已经传染了才判定出它是病毒，定会给病毒的清除带来麻烦。那么检查病毒用什么方法呢？客观地说，在各类病毒检查方法中，特征值方法是适用范围最宽、速度最快、最简单、最有效的方法。但由于其本身的缺陷问题，它只适用于已知病毒，对于未知病毒，如果能够让病毒在控制下先运行一段时间，让其自己还原，那么，问题就会相对明了。可以说，虚拟机是这种情况下的最佳选择。

虚拟机在反病毒软件中应用范围广，并成为目前反病毒软件的一个趋势。一个比较完整的虚拟机，不仅能够识别新的未知病毒，而且能够清除未知病毒。首先，虚拟机必须提供足够的虚拟，以完成或将近完成病毒的"虚拟传染"；其次，尽管根据病毒定义而确立的"传染"标准是明确的，但是，这个标准假如能够实施，它在判定病毒的标准上仍然会有问题；第三，假如上一步能够通过，那么，我们必须检测并确认所谓"感染"的文件确实感染的就是这个病毒或其变形。

目前虚拟机的处理对象主要是文件型病毒。对于引导型病毒、Word/Excel宏病毒、木马程序在理论上都是可以通过虚拟机来处理的，但目前的实现水平仍相距甚远。就像病毒编码变形使得传统特征值方法失效一样，针对虚拟机的新病毒可以轻易使得虚拟机失效。虽然虚拟机也会在实践中不断得到发展，但是，PC的计算能力有限，反病毒软件的制造成本也有限，而病毒的发展可以说是无限的。让虚拟技术获得更加实际的功效，甚至要以此为基础来清除未知病毒其难度相当大。

根据病毒在理论上不可判定这一根本原因，事实上，无论是启发式，亦或是虚拟机，都只能是一种工程学的努力，其成功的概率永远不可能达到100%，这是唯一的却又是无可奈何的缺憾。

（三）高级反病毒技术

1. 通用解密

通用解密（Genetic Decryption，GD）技术使反病毒软件能够在保证足够快的扫描速度的同时，很容易地检测到最为复杂的病毒变种。当一个包含加密病毒的文件执行时，病毒必须首先对自身解密后才能执行。为检测到病毒的这种结构，GD必须监测可执行文件的运行情况。

在每次仿真开始时，CPU仿真器开始对目标代码的指令逐条进行解释，如果代码中有用于解密和释放病毒的解密过程，CPU仿真器能够发现。仿真控制模块将定期地中断解释，以扫描目标代码中是否包含有已知病毒的特征。

在解释的过程中，目标代码（即使有些是病毒）不会对实际的个人计算机造成危害，这是因为代码是在仿真器中运行的，而仿真器是一个在系统完全控制下的安全环境。

2. 数字免疫系统

传统上，新病毒和新变种病毒传播比较慢，反病毒软件一般会在一个月左右完成升级功能，基本上可以满足控制病毒传播的需求。但近年来，互联网上有两种应用技术大大提高了病毒的传播速度，一种是邮件系统，另外一种是Java和ActiveX机制。

为了解决互联网上快速传播的病毒的威胁，IBM开发了用于病毒防护的全面的方法——数字免疫系统原型。该系统以前面提到的仿真器思想为基础，并对其进行了扩展，从而实现了更为通用的仿真器和病毒检测系统。这个系统的设计目标是提供快速的响应措施，以使病毒一进入系统就会得到有效控制。当新病毒进入某一组织的网络系统时，数字免疫系统就能够自动地对病毒进行捕获、分析、检测、屏蔽和清除操作，并能够向运行IBM反病毒软件的系统传递关于该病毒的信息，从而使病毒在广泛传播之前得到有效遏制。

①每台PC机上运行一个监控程序，该程序包含了很多启发式规则，这些启发式规则根据系统行为、程序的可疑变化或病毒特征码等知识来推断是否有病毒出现。监控程序在判断某程序被感染之后会将该程序的一个副本发送到管理机上。

②管理机对收到的样本进行加密，并将其发送给中央病毒分析机。

③病毒分析机创建了一个可以让受感染程序受控运行并对其进行分析的环境，主要应用的技术包括仿真器或者创建一个可以运行和监控感染程序的受保护环境，然后病毒分析机根据分析结果产生针对该病毒的策略描述。

④病毒分析机将策略描述回传给管理机。

⑤管理机向受感染客户机转发该策略描述。

⑥该策略描述同时也被转发给组织内的其他客户机。

⑦各地的反病毒软件用户将会定期收到病毒库更新文件，以防止新病毒的攻击。

数字免疫系统的成功依赖于病毒分析机对新病毒的检测能力，通过不间断地分析和监测新病毒的出现，系统可以不断地对数字免疫软件进行更新以阻止新病毒的威胁。

3. 行为阻断软件

与启发式系统或基于特征码的扫描器不同，行为阻断软件和主机操作系统结合起来，实时监控恶意的程序行为。在监测到恶意的程序行为之后，行为阻断软件将在恶意行为对系统产生危害之前阻止这些行为。一般来讲，行为阻断软件要监控的行为包括如下几个方面：①试图打开、浏览、删除、修改文件。②试图格式化磁盘或者其他不可恢复的磁盘操作。③试图修改可执行文件、脚本、宏。④试图修改关键的系统设置，如启动设置。⑤电子邮件脚本、及时消息客户发送的可执行内容。⑥可疑的初始化网络连接。

如果行为阻断软件在某程序运行时检测到可能有恶意的行为，就可以实时地中止该程序，这一优势使得行为阻断软件相对于传统的反病毒软件而言具有更大的优势。病毒制造者有很多种方法对病毒进行模糊化处理或者重新安排代码的布局，这些措施使得传统的基于病毒特征码或启发式规则的检测技术失去作用，最终病毒代码以合适的形式向操作系统提出操作请求，从而对系统造成危害。不管这些恶意程序具有多么精巧的伪装，行为阻断软件都能截获所有这些请求，从而实现对恶意行为的识别和阻断。

三、网络病毒的防范技术

俗话说"防患于未然"，杀毒不如防毒。由于在计算机病毒的处理过程中，存在对症下药的问题，即只能是发现一种病毒以后，才可以找到相应的治疗方法，因此具有很大的被动性。而防范计算机病毒，则可掌握工作的主动权，重点应放在计算机病毒的预防上。

（一）防范计算机病毒的手段

1. 从用户的角度谈病毒防治

（1）计算机病毒的预防

计算机病毒防治的关键是做好预防工作，即防患于未然。而预防工作从宏观上来讲是一个系统工程，要求全社会来共同努力。从国家来说，应当健全法律、法规来惩治病毒制造者，这样可减少病毒的产生；从各级单位而言，应当制定出一套具体措施，以防止病毒的相互传播；从个人的角度来说，每个人不仅要遵守病毒防治的有关措施，还应不断增长知识，积累防治病毒的经验，不仅不要成为病毒的制造者，而且也不要成为病毒的传播者。

要做好计算机病毒的预防工作，建议从以下几方面着手。

①树立牢固的计算机病毒的预防思想：解决病毒的防治问题，最关键的一点是要在思想上给予足够的重视。要采取"预防为主，防治结合"的八字方针，从加强管理入手，制定出切实可行的管理措施。由于计算机病毒的隐蔽性

和主动攻击性，要杜绝病毒的传染，在目前的计算机系统总体环境下，特别是对于网络系统和开放式系统而言，几乎是不可能的。因此，以预防为主，制定出一系列的安全措施，可大大降低病毒的传染，而且即使受到传染，也可立即采取有效措施将病毒消除。

②堵塞计算机病毒的传染途径：堵塞传播途径是防治计算机病毒侵入的有效方法。根据病毒传染途径，确定严防死守的病毒入口点，同时做一些经常性的病毒检测工作，最好在计算机中装入具有动态预防病毒入侵功能的系统，既可将病毒的入侵率降低到最低限度，又可将病毒造成的危害减少到最低限度。

③严格的管理。制定相应的管理制度，避免蓄意制造、传播病毒的事件发生。例如，对接触重要计算机系统的人员进行选择和审查；对系统的工作人员和资源进行访问权限划分；对外来人员上机或外来磁盘的使用严格限制，特别是不准用外来系统盘启动系统；不准随意玩游戏；规定下载的文件要经过严格检查，有时还规定下载文件、接收 E－mail 等需要使用专门的终端和账号，接收到的程序要严格限制执行等。及早发现、及早清除、建立安全管理制度，提高包括系统管理员和用户在内的技术素质和职业道德素质。

（2）计算机病毒的检测和消除

要有效地阻止病毒的危害，关键在于及早发现病毒，并将其消除。目前计算机病毒的检测和消除办法有两种：一是人工方法，二是自动方法。

人工方法检测和消除病毒是借助于调试程序及工具软件等进行手工检测和消除处理。这种方法要求操作者对系统十分熟悉，且操作复杂，容易出错，有一定的危险性，一旦操作不慎就会导致意想不到的后果。这种方法常用于消除自动方法无法消除的新病毒。

自动检测和消除是针对某一种或多种病毒使用专门的反病毒软件自动对病毒进行检测和消除处理。这种方法不会破坏系统数据，操作简单，运行速度快，是一种较为理想和目前较为通用的检测及消除病毒的方法。

2. 从技术的角度谈病毒防治

病毒的防治技术总是在与病毒的较量中得到发展的。总的来讲，计算机病毒的防治技术分成四个方面，即检测、清除、免疫和防御。除了免疫技术因目前找不到通用的免疫方法而进展不大之外，其他三项技术都有相当的进展。

（1）病毒预防技术

计算机病毒的预防技术是指通过一定的技术手段防止计算机病毒对系统进行传染和破坏的，实际上它是一种特征判定技术，也可能是一种行为规则的判定技术。也就是说，计算机病毒的预防是根据病毒程序的特征对病毒进行分类处理，而后在程序运行中凡有类似的特征点出现则认定是计算机病毒的。具体来说，计算机病毒的预防是通过阻止计算机病毒进入系统内存或阻止计算机病毒对磁盘的操作尤其是写操作，以达到保护系统的目的。

计算机病毒的预防技术主要包括磁盘引导区保护、加密可执行程序、读写控制技术和系统监控技术等。计算机病毒的预防应该包括两个部分：对已知病毒的预防和对未知病毒的预防。目前，对已知病毒的预防可以采用特征判定技术或静态判定技术，对未知病毒的预防则是一种行为规则的判定技术，即动态判定技术。

（2）病毒检测技术

计算机病毒的检测技术是指通过一定的技术手段判定出计算机病毒的一种技术。病毒检测技术主要有两种，一种是根据计算机病毒程序中的关键字、特征程序段内容、病毒特征及传染方式、文件长度的变化，在特征分类的基础上建立的病毒检测技术；另一种是不针对具体病毒程序的自身检测技术，即对某个文件或数据段进行检测并保存其结果，然后定期或不定期地根据保存的结果对该文件或数据段进行检验，若出现差异，即表示该文件或数据段的完整性已遭到破坏，从而检测到病毒的存在。

计算机病毒的检测技术已从早期的人工观察发展到能自动检测到某一类病毒，今天又发展到能自动对多个驱动器和上千种病毒自动扫描检测。目前，有些病毒检测软件还具有在不扩展由压缩软件生成的压缩文件内进行病毒检测的能力。现在大多数商品化的病毒检测软件不仅能检查隐藏在磁盘文件和引导扇区内的病毒，还能检测内存中驻留的计算机病毒。而对于能自我变化的被称作多形性病毒的检测还需要进一步研究。

（3）病毒消除技术

计算机病毒的消除技术是计算机病毒检测技术发展的必然结果，是病毒传染程序的一种逆过程。从原理上讲，只要病毒不进行破坏性的覆盖式写盘操作，病毒就可以被清除出计算机系统。安全、稳定的计算机病毒清除工作完全基于准确、可靠的病毒检测工作。

计算机病毒的消除严格地讲是计算机病毒检测的延伸，病毒消除是在检测发现特定的计算机病毒基础上，根据具体病毒的消除方法从传染的程序中除去计算机病毒代码并恢复文件的原有结构信息。

（4）病毒免疫技术

计算机病毒的免疫技术目前没有很大发展。针对某一种病毒的免疫方法已没有人再用了，而目前尚没有出现通用的能对各种病毒都有免疫作用的技术，也许根本就不存在这样一种技术。现在，某些反病毒程序使用给可执行程序增加保护性外壳的方法，能在一定程度上起保护作用。若在增加保护性外壳前该文件已经被某种尚无法由检测程序识别的病毒感染，则此时作为免疫措施为该程序增加的保护性外壳就会将程序连同病毒一起保护在里面。等检测程序更新了版本，能够识别该病毒时又因为保护程序外壳的"护驾"，而不能检测出该病毒。

（5）宏病毒的防范

通过 Word 来防止宏病毒的感染和传播，但是对大多数人来说，反宏病毒主要还是依赖于各种反宏病毒软件。当前，处理宏病毒的反病毒软件主要分为两类：常规反病毒扫描器和基于 Word 或者 Excel 宏的专门处理宏病毒的反病毒软件。两类软件各有自己的优势，一般来说，前者的适应能力强于后者。因为基于 Word 或者 Excel 的反病毒软件只能适应于特定版本的 Office 应用系统，换了另一种语言的版本可能就无能为力了，而且，在应用系统频频升级的今天，升级后的版本对现有软件是否兼容是难以预料的。

（6）电子邮件病毒的防范

对电子邮件系统进行病毒防护可从以下几个方面着手：①思想上高度重视，不要轻易打开来信中的附件文件，尤其对于一些"EXE"之类的可执行程序文件，就更要谨慎。②不断完善"网关"软件及病毒防火墙软件，加强对整个网络入口点的防范。③使用优秀的防毒软件同时保护客户机和服务器。使用优秀的防毒软件定期扫描客户机和服务器上所有的文件夹，无论病毒是隐藏在邮件文本内，还是躲在附件或 OLE 文档内，防毒软件都有能力发现。防毒软件还应有能力扫描压缩文件。只有客户机上防毒软件才能访问个人目录，防止病毒从客户机外部入侵。服务器上防毒软件进行全局监测和查杀病毒，防止病毒在整个系统中扩散，阻止病毒入侵到本地邮件系统。同时，也可以防止病毒通过邮件系统扩散。④使用特定的 SMTP 杀毒软件。SMTP 杀毒软件具有独特的功能，它能在那些从因特网上下载的受感染邮件到达本地邮件服务器之前拦截它们，从而保持本地网络处于无毒状态。

（二）基于主机防御技术

基于主机的病毒防御技术用于检测感染病毒的文件，发现并阻止病毒对主机资源实施的破坏过程。基于主机的病毒防御技术可以分为静态防御技术和动态防御技术。静态防御技术在程序没有运行的情况下，通过检测程序中的病毒代码特征，分析程序中的功能模块来确定该程序是否是病毒程序。动态防御技术在程序运行过程中，通过监控程序的行为来确定该程序是否是病毒程序。

1. 基于特征的扫描技术

基于特征扫描技术是目前最常用的病毒检测技术，首先通过分析已经发现的病毒，提取出每一种病毒有别于正常代码或文本的病毒特征，并因此建立病毒特征库。

目前，病毒主要分为嵌入在可执行文件中的病毒和嵌入在文本或字处理文件中的脚本病毒，因此，首先需要对文件进行分类，当然，如果是压缩文件，解压后再进行分类。解压后的文件主要分为两大类：一类是二进制代码形式的可执行文件，包括类似动态链接库（Dynamic Link Library，DLL）的库函数。另一类是用脚本语言编写的文本文件，由于 Office 文件中可以嵌入脚本语言编写的宏代码，因此，将这样的 Office 文件归入文本文件类型。

对可执行文件，由二进制检测引擎根据二进制特征库进行匹配操作，如果这些二进制代码文件经过类似 ASPACK、UPX 工具软件进行加壳处理，在匹配操作前，必须进行脱壳处理。对文本文件，由脚本检测引擎根据脚本特征库进行匹配操作，由于存在多种脚本语言，如 VBScript、JavaScript、PHP 和 Perl，在匹配操作前，必须先对文本文件进行语法分析，然后根据分析结果再进行匹配操作。同样，必须从类似字处理文件这样的 Office 文件中提取出宏代码，然后对宏代码进行语法分析，再根据分析结果进行匹配操作。

2. 基于线索的扫描技术

对于基于特征的扫描技术来说，只有出现的病毒与已建立的病毒特征库中的病毒完全匹配，才能把该病毒检测出来，如果病毒出现变形，那么基于特征的扫描技术就不适用了。不管是什么样的病毒，总是可以找到一些规律的，如有些变形病毒通过随机产生密钥和加密作为病毒的代码来改变自己。对于这种情况，如果检测到某个可执行文件的入口处存在实现解密过程的代码，且解密密钥包含在可执行文件中，这样的可执行文件可能就是感染了变形病毒的文件。基于线索扫描技术通常不是精确匹配特定二进制位流模式或文本模式，而是通过分析可执行文件入口处代码的功能来确定该文件是否感染病毒。

3. 基于行为的检测技术

为了检测某个用户进程是否正在执行病毒代码，可以为不同安全等级的用户配置资源访问权限，用权限规定每一个用户允许发出的请求类型、访问的资源种类及访问方式，病毒检测程序常驻内存，截获所有对操作系统内核发出的资源访问请求，确定发出请求的用户及安全等级，要求访问的资源及访问模式，然后根据为该安全等级用户配置的资源访问权限检测请求中要求的操作的合法性，如果请求中要求的资源访问操作违背为发出请求的用户规定的访问权限，表明该用户进程可能包含病毒代码，病毒检测程序可以对该用户进程进行干预并以某种方式示警。

该技术的优势在于，可以检测出变形病毒和未知病毒。但是也存在一些缺陷，那就是检测到的病毒可能已经对系统造成危害，很难发现资源访问操作是否出现异常,这样一来就没有办法为用户精确配置资源访问权限,常常发生漏报和误报病毒的情况。

4. 基于模拟运行环境的检测技术

模拟运行环境是一个软件仿真系统,用软件仿真处理器、文件系统、网络连接系统等,该环境与其他软件系统隔离,其仿真运行结果不会对实际物理环境和其他软件运行环境造成影响。

模拟运行环境需要事先建立已知病毒的操作特征库和资源访问原则,病毒的操作特征是指病毒实施感染和破坏时需要完成的操作序列,如修改注册表中自启动项列表所需要的操作序列,变形病毒感染可执行文件需要的操作序列(读可执行文件、修改可执行文件、加密可执行文件、写可执行文件)等。资源访问原则用于指定正常资源访问过程中进行的资源访问操作。

第三节 木马攻击与防范

一、木马的危害

木马与一般网络病毒的不同之处是,黑客通过木马可从网络上实现对用户计算机的控制,如删除文件、获取用户信息、远程关机等。

木马是一种远程控制工具,以简便、易行、有效而深受黑客青睐。木马主要以网络为依托进行传播,窃取用户隐私资料是其主要目的。木马也是一种后门程序,它会在用户计算机系统里打开一个"后门",黑客就会从这个被打开的特定"后门"进入系统,然后就可以随心所欲操控用户的计算机了。可以说,黑客通过木马进入到用户计算机后,用户能够在自己的计算机上做什么,黑客同样也能做什么。黑客可以读、写、保存、删除文件,可以得到用户的隐私、密码,甚至用户鼠标在计算机上的每一下移动,他都了如指掌。黑客还能够控制鼠标和键盘去做他想做的任何事,例如打开用户珍藏的好友照片,然后将其永久删除。也就是说,用户计算机一旦感染上木马,它就变成了一台傀儡机,对方可以在用户计算机上上传下载文件,偷窥用户的私人文件,偷取用户的各种密码及口令信息等。感染了木马的系统用户的一切秘密都将暴露在木马控制者面前,隐私将不复存在。

木马控制者既可以随心所欲地查看被入侵的计算机,也可以用广播方式发布命令,指示所有在他控制下的木马一起行动,或者向更广泛的范围传播,或者做其他危险的事情。攻击者经常会利用木马侵占大量的计算机,然后针对某一要害主机发起分布式拒绝服务（DDoS）攻击。

木马是一种恶意代码，除了具有与其他恶意代码一样的特征（如破坏性、隐藏性）外，还具有欺骗性、控制性、自启动、自动恢复、打开"后门"和功能特殊性等特征。近年来，随着网络游戏、网上银行，QQ 聊天工具等的应用，木马越来越猖獗。这些木马利用操作系统的接口，不断地在后台寻找软件的登录窗体。一些木马会找到窗体中的用户名和密码的输入框，窃取用户输入的用户名和密码。还有一些木马会监视键盘和鼠标的动作，根据这些动作判断当前正在输入的窗体是否是游戏的登录界面，如果是，就将键盘输入的数据进行复制并将信息通过网络发送到黑客的邮箱中。

二、木马的预防措施

木马对计算机用户的信息安全构成了极大威胁，做好木马的防范工作已刻不容缓。用户必须提高对木马的警惕性，尤其是网络游戏玩家更应该提高对木马的关注。尽管人们掌握了很多检测和清除木马的方法及软件工具，但这也只是在木马出现后采取的被动的应对措施。最好的情况是不出现木马，这就要求人们平时对木马要有预防意识，做到防患于未然。下面介绍几种简单适用的预防木马的方法和措施。

（一）不随意打开来历不明的邮件，阻塞可疑邮件

现在许多木马都是通过邮件来传播的。当用户收到来历不明的邮件时，请不要盲目打开，应尽快将其删除，同时要强化邮件监控系统，拒收垃圾邮件。可通过设置邮件服务器和客户端来阻塞带有可疑附件的邮件。

（二）不随意下载来历不明的软件

用户应养成一种良好的习惯，就是不随便在网上下载软件，而是花钱购买正版软件，或在一些正规、有良好信誉的网站上下载软件。在安装下载的软件之前最好使用杀毒软件查看是否存在病毒，确认安全之后再进行安装。

（三）及时修补漏洞和关闭可疑的端口

一般木马都是通过漏洞在系统上打开端口留下后门的，在修补漏洞的同时要对端口进行检查，把可疑的端口关闭。

（四）尽量少用共享文件夹

尽量少地使用共享文件夹，如果必须使用，则应设置账号和密码保护。不要将系统目录设置成共享，最好将系统下默认的共享目录关闭。

（五）运行实时监控程序

用户上网时最好运行木马实时监控程序和个人防火墙，并定时对系统进行木马检测。

（六）经常升级系统和更新病毒库

经常关注厂商网站的安全公告，及时利用新发布的补丁程序对系统漏洞进行修补，及时更新病毒库等。

（七）限制使用不必要的具有传输能力的文件

限制使用诸如点对点传输文件、音乐共享文件、实时通信文件等，因为这些程序经常被用来传播恶意代码。

三、木马攻击与防范步骤

第一，使用"冰河"对远程计算机进行控制。"冰河"一般由两个文件组成：G_Client 和 G_Server。其中 G_Server 是木马的服务器端，即用来植入目标主机的程序，G—Client 是木马的客户端，就是木马的控制端。打开控制端 G_Client，弹出"冰河"的主界面，熟悉快捷工具栏。

第二，在一台目标主机上植入木马并在此主机上运行 G_Server，作为服务器端；在另一台主机上运行 G_Client，作为控制端。打开控制端程序，单击"添加主机"按钮，弹出对话框。

"显示名称"：填入显示在主界面的名称。

"主机地址"：填入服务器端主机的 IP 地址。

"访问口令"：填入每次访问主机的密码，"空"即可。

"监听端口"："冰河"默认监听端口是 7626，控制端可以修改它以绕过防火墙。单击"确定"可以看到主机面上添加了 test 的主机，就表明连接成功。

单击 test 主机名，如果连接成功，则会显示服务器端主机上的盘符。这个时候我们就可以像操作自己的电脑一样远程操作目标电脑。"冰河"大部分功能都是在"命令控制台"实现的，单击"命令控制台"弹出命令控制界面。

展开命令控制台，分为"口令类命令""注册表读表""设置类命令"。

①口令命令类：a."系统信息及口令"：可以查看远程主机的系统信息、开机口令、缓存口令等。b."历史口令"：可以查看远程主机以往使用的口令。c."击键记录"：启动键盘记录以后，可以记录远程主机用户击键记录，以此可以分析出远程主机的各种账号和口令或各种秘密信息。

②控制类命令捕获屏幕：这个功能可以使控制端使用者查看远程主机的屏幕，好像远程主机就在自己面前一样，这样更有利于窃取各种信息。单击"查看屏幕"，弹出远程主机界面。

a."发送信息"：这个功能可以使你向远程计算机发送 Windows 标准的各种信息。

b."进程管理"：这个功能可以使控制者查看远程主机上所有的进程。

c. "窗口管理"：这个功能可以使远程主机上的窗口进行刷新、最大化、最小化、激活、隐藏等操作。

　　d. "系统管理"：该功能可以使远程主机进行关机、重启、重新加载冰河、自动卸载冰河。

　　e. "其他控制"：该功能可以使远程主机上进行自动拨号禁止、桌面隐藏、注册表锁定等操作。

　　③网络类命令：a. "创建共享"：在远程主机上创建自己的共享。b. "删除共享"：在远程主机上删除某个特定的共享。c. "网络信息"：查看远程主机上的共享信息，单击"查看共享"可以看到远程主机上的 IPC＄、C＄、ADMIN＄等共享都存在。

　　④文件类命令。展开文件类命令、文件浏览、文件查找、文件压缩、文件删除、文件打开等菜单，可以查看、查找、压缩、删除、打开远程主机上的某个文件。目录增删、目录复制、主键增删、主键复制的功能。

　　⑤注册表读写。提供了键值读取、键值写入、键值重命名、主键浏览、主键删除、主键复制的功能。

　　⑥设置类命令。提供了更换墙纸、更改计算机名、服务器端配置的功能。

第六章 数据加密技术

第一节 加密概述

一、密码学的有关概念

在现实生活中，由于隐秘性、安全性等各种需要，人们希望公共传输的信道上传输的信息不能轻易地被人截获，即使截获了也不应该被人轻易地理解，这就需要用到密码技术。密码技术通过特定的方法将一种信息转换成另一种信息，加密后的信息即使被信息拦截者获得也是不可读的，加密后的标书没有收件人的私钥也无法解开。从某种意义上来说，加密已成为当今网络社会进行文件或邮件安全传输的时代象征。

任何一个加密系统至少包括以下几个组成部分：

①未加密的报文，也称明文。明文就是需要保密的信息，也就是最初可以理解的消息。通常指待发送的报文、软件、代码等。

②加密后的报文，也称密文。明文经过转换而成的表面上无规则、无意义或难以察觉真实含义的消息。

③加密解密设备或算法。密码算法是指将明文转换成密文的公式、规则和程序等，在多数情况下是指一些数学函数。密码算法规定了明文转换成密文的规则，在多数情况下，接收方收到密文后，希望密文能恢复成明文，这就要求密码算法具有可逆性。将明文转换成密文的过程称为加密，相应的算法称为加密算法。反之，将密文恢复成明文的过程称为解密，相应的算法称为解密算法。

④加密解密的密钥。由于计算机性能的不断提高，单纯依靠密码算法的保密来实现信息的安全性是难以实现的。而且在公用系统中，算法的安全性需要经过严格的评估，算法往往需要公开。对信息的安全性往往依赖于密码算法的复杂性和参与加密运算的参数的保密，这个参数就是密钥。用于加密的密钥称

为加密密钥，用于解密的密钥称为解密密钥。

由密文、加/解密算法、加/解密密钥和密文构成的信息系统，称为密码系统。在一个密码系统中，伪装前的原始信息（或消息）称为明文 P，伪装后的信息（或消息）称为密文 C，伪装过程称为加密，其逆过程（即由密文恢复出明文的过程）称为解密。实现消息加密的数学变换称为加密算法，对密文进行解密的数学反变换称为解密算法。加密算法和解密算法通常是在一组密钥控制下进行的，分别称为加密密钥和解密密钥。

密码系统的安全性取决于以下几个因素。

第一，密码算法必须足够强大。所谓强大，是指算法的复杂性，在计算机中可以用消耗的 CPU 时间来计算。在仅知道密文的情况下，如果破译密文需要花费的时间足够多，使得难以在有效的时间内找到明文（即计算上不可行），就称密码算法是安全的。

第二，密钥的安全性。在已知密文和密码算法知识的情况下，破译出明文消息在计算上是不可行的。

密码算法可以公开，也可以被分析，因此可以大量生产使用密码算法的产品，如各种加密标准、加密系统、加密芯片等，从而促进了密码系统的应用。由于密码系统的复杂性，人们只要对自己的密钥进行保密，就可以信赖密码系统的安全性。

二、密码的分类

从不同的角度，根据不同的标准，可将密码分为不同的类型。

（一）按历史发展阶段或应用技术划分

按密码的历史发展阶段或应用技术划分，可将其划分为手工密码、机械密码、电子机内乱密码和计算机密码。

1. 手工密码

手工密码是以手工方式或以简单器具辅助操作完成加密和解密过程的密码。第一次世界大战前主要使用这种方式。

2. 机械密码

机械密码是以机械密码机或电动密码机来完成加密和解密过程的密码。

3. 电子机内乱密码

通过电子电路，以严格的程序进行逻辑运算，以少量制乱元素生产大量的加密乱数，因为其制乱是在加解密过程中完成的而不需预先制作，所以称为电子机内乱密码。

4. 计算机密码

计算机密码是指以计算机软件程序完成加密和解密过程的密码，是目前使用最广泛的加密方式。

（二）按转换原理划分

按密码转换的原理划分，可将密码划分为替代密码和置换密码。

1. 替代密码

替代密码就是在加密时将明文中的每个或每组字符用另一个或另一组字符替代，原字符被隐藏起来，即形成密文。

2. 置换密码

置换密码就是在加密时对明文字母（字符、符号）重新排序，每个字母位置变化了，但没被隐藏起来。移位密码是一种打乱原文顺序的加密方法。

替代密码加密过程是明文的字母位置不变而字母形式变化了，而移位密码加密过程是字母的形式不变而位置变化了。

（三）按密钥方式划分

按密钥方式划分，可将密码划分为对称式密码和分对称式密码。

1. 对称式密码

对称式密码是指收发双方使用相同密钥的密码。传统的密码都属此类。

2. 非对称式密码

非对称式密码是指收发双方使用不同密钥的密码。如现代密码中的公共密钥密码就属此类。

（四）按保密程度划分

按保密程度划分，可将密码划分为理论上保密的密码、实际上保密的密码和不保密的密码。

1. 理论上保密的密码

理论上保密的密码是指不管获取多少密文和有多大的计算能力，对明文始终不能得到唯一解的密码，也叫理论不可破的密码，如客观随机一次一密的密码就属于这种。

2. 实际上保密的密码

实际上保密的密码是指在理论上可破，但在现有客观条件下，无法通过计算来确定唯一解的密码。

3. 不保密的密码

不保密的密码是指在获取一定数量的密文后可以得到唯一解的密码。如早期的单表代替密码，后来的多表代替密码以及明文加少量密钥等密码，现在都是不保密的密码。

三、传统密码技术

传统密码技术一般是指在计算机出现之前所采用的密码技术，主要由文字信息构成。在计算机出现前，密码学是由基于字符的密码算法所构成的。不同的密码算法主要是由字符之间互相代换或互相换位所形成的算法。

现代密码学技术由于有计算机参与运算所以变得复杂了许多，但原理没变。主要变化是算法对比特而不是对字母进行变换，实际上这只是字母表长度上的改变，从26个元素变为2个元素（二进制）。大多数好的密码算法仍然是替代和换位的元素组合。

传统加密方法加密的对象是文字信息。文字由字母表中的字母组成，在表中字母是按顺序排列的，可赋予它们相应的数字标号，可用数学方法进行变换。将字母表中的字母看作是循环的，则由字母加减形成的代码就可用求模运算来表示（在标准的英文字母表中，其模数为26），如 A+4=E，X+6=D（mod 26）等。

（一）替换密码技术

在替换密码技术中，用一组密文字母来代替明文字母，以达到隐藏明文的目的。根据密码算法加密时使用替换表多少的不同，替代密码又可分为单表替代密码和多表替代密码。

1. 单表替代密码

单表替代密码对明文中的所有字母都使用一个固定的映射（明文字母表到密文字母表），加密的变换过程就是将明文中的每一个字母替换为密文字母表的一个字母，而解密过程与之相反。单表替代密码又可分为一般单表替代密码、移位密码、仿射密码和密钥短语密码。

2. 多表替代密码

多表替代密码的特点是使用了两个或两个以上的替代表。著名的弗吉尼亚密码和希尔密码均是多表替代密码。弗吉尼亚密码是最古老且最著名的多表替代密码体制之一，与移位密码体制相似，但其密码的密钥是动态周期变化的。希尔密码算法的基本思想是加密时将n个明文字母通过线性变换，转换为n个密文字母，解密时只需做一次逆变换即可。

维吉尼亚密码是在单一恺撒密码的基础上研究多表密码的典型代表，维吉尼亚密码引入了密钥的概念，即根据密钥来决定用哪一行的密表来进行替换，以此来对抗字频统计。为了加密一个消息，需要使用一个与消息一样长的密钥。密钥通常是一个重复的关键词。

维吉尼亚密码的强度在于对每个明文字母有多个密文字母对应，而且与密钥关键词相关，因此字母的统计特征被模糊了。但由于密钥是重复的关键词，并非所有明文结构的相关知识都丢失，而是仍然保留了很多的统计特征。即使是采用与明文同长度的密钥，一些频率特征仍然可以被密码分析所利用。解决的办法是使用字母没有统计特征的密钥，而且密钥量足够多，每次加密使用一个密钥。

替代技术将明文字母用其他字母、数字或符号来代替。如果明文是比特序列，也可以看成是比特系列的替代，但古典加密技术本身并没有对比特进行加密操作，随着计算机的应用，古典密码技术被引入比特级的密码系统。

（二）置换密码技术

置换密码是指将明文的字母保持不变，但字母顺序被打乱后形成的密码。置换密码的特点是只对明文字母重新排序，改变字母的位置，而不隐藏它们，是一种打乱原文顺序的替代法。在简单的置换密码中，明文以固定的宽度水平地写在一张图表纸上，密文按垂直方向读出。解密就是将密文按相同的宽度垂直地写在图表纸上，然后水平地读出，即可得到明文。

1. 列置换密码

列置换密码的密钥是一个不含任何重复字母的单词或短语，然后将明文排序，以密钥中的英文字母大小顺序排出列号，最后以列的顺序写出密文。

2. 矩阵置换密码

矩阵置换密码是把明文中的字母按给定的顺序排列在一个矩阵中，然后用另一种顺序选出矩阵的字母来产生密文。

尽管古典密码技术受到当时历史条件的限制，没有涉及非常高深或者复杂的理论，但在其漫长的发展演化过程中，已经充分表现出了现代密码学的两大基本思想，即替代和置换，而且将数学的方法引入密码分析和研究中。这为后来密码学成为系统的学科以及相关学科的发展奠定了坚实的基础。

（三）一次一密钥密码技术

一次一密钥密码就是指每次都使用一个新的密钥进行加密，然后该密钥就被丢弃，再要加密时需选择一个新密钥进行。一次一密钥密码是一种理想的加密方案。

一次一密钥密码的密钥就像每页都印有密钥的本子一样，称为一次一密密钥本。该密钥本就是一个包括多个随机密钥的密钥字母集，其中每一页记录一条密钥。加密时使用一次。一密密钥本的过程类似于日历的使用过程，每使用一个密钥加密一条信息后，就将该页撕掉作废，下次加密时再使用下一页的密钥。

发送者使用密钥本中每个密钥字母串去加密一条明文字母串，加密过程就是将明文字母串和密钥本中的密钥字母串进行模加法运算。接收者有一个同样的密钥本，并依次使用密钥本上的每个密钥去解密密文的每个字母串。接收者在解密信息后也要销毁密钥本中用过的一页密钥。

如果破译者不能得到加密信息的密钥本，那么该方案就是安全的。由于每个密钥序列都是等概率的（因为密钥是以随机方式产生的），因此破译者没有任何信息用来对密文进行密码分析。

一次一密钥的密钥字母必须是随机产生的。对这种方案的攻击实际上是依赖于产生密钥序列的方法。不要使用伪随机序列发生器产生密钥，因为它们通常具有非随机性。如果采用真随机序列发生器产生密钥，这种方案就是安全的。

第二节　数据加密体制

一、对称密钥密码体制

（一）对称密钥的概念

如果在一个密码体系中，加密密钥和解密密钥相同，就称之为对称加密算法。在这种算法中，加密和解密的具体算法是公开的，要求信息的发送者和接收者在安全通信之前商定一个密钥。因此，对称加密算法的安全性完全依赖于密钥的安全性，如果密钥丢失，就意味着任何人都能够对加密信息进行解密了。

对称加密算法根据其工作方式，可以分成两类。一类是一次只对明文中的一个位（有时是对一个字节）进行运算的算法，称为序列加密算法。另一类是每次对明文中的一组位进行加密的算法，称为分组加密算法。现代典型的分组加密算法的分组长度是 64 位。这个长度既方便使用，又足以防止分析破译。

在计算机网络中广泛使用的对称加密算法有 DES、TDEA、AES、IDEA 等。

（二）DES 算法及其安全性分析

数据加密标准（Data Encryption Standard，DES）算法是具有代表性的一种密码算法。数据加密标准（DES）是迄今为止世界上最为广泛使用和流行的一种分组密码算法，它的分组长度为 64 比特，密钥长度为 56 比特，是早期的称作 Lucifer 密码的一种发展和修改。

1. DES 算法的基本思想

DES 算法是一个分组密码算法，它将输入的明文分成 64 位的数据组块进行加密，密钥长度为 64 位，有效密钥长度为 56 位（其他 8 位用于奇偶校验）。其加密过程大致分成 3 个步骤，即初始置换、16 轮的迭代变换和逆置换。

首先，将 64 位的数据经过一个初始置换（这里记为 IP 变换）后，分成左右各 32 位两部分进入迭代过程。在每一轮的迭代过程中，先将输入数据右半部分的 32 位扩展为 48 位，然后与由 64 位密钥所生成的 48 位的某一子密钥进行异或运算，得到的 48 位的结果通过 S 盒压缩为 32 位，将这 32 位数据经过置换后，再与输入数据左半部分的 32 位数据异或，最后得到新一轮迭代的右半部分。同时，将该轮迭代输入数据的右半部分作为这一轮迭代输出数据的左半部分。这样，就完成了一轮的迭代。通过 16 轮这样的迭代后，产生了一个新的 64 位数据。需要注意的是，最后一次迭代后，所得结果的左半部分和右半部分不再交换，这样做的目的是使加密和解密可以使用同一个算法。最后，再将这 64 位的数据进行一个逆置换，就得到了 64 位的密文。

DES 的解密过程和加密过程完全类似，只是在 16 轮的迭代过程中所使用的子密钥刚好和加密过程中的反过来，即第一轮迭代时使用的子密钥采用加密时最后一轮（第 16 轮）的子密钥，第 2 轮迭代时使用的子密钥采用加密时第 15 轮的子密钥……最后一轮（第 16 轮）迭代时使用的子密钥采用加密时第 1 轮的子密钥。

2. DES 算法的安全性分析

鉴于 DES 的重要性，美国参议院情报委员会对 DES 的安全性进行深入的分析，最终的报告是保密的。IBM 宣布 DES 是独立研制的。

DES 算法的整个体系是公开的，其安全性完全取决于密钥的安全性。该算法中，由于经过了 16 轮的替换和换位的迭代运算，使密码的分析者无法通过密文获得该算法一般特性以外的更多信息。对于这种算法，破解的唯一可行途径是尝试所有可能的密钥。对于 56 位长度的密钥，可能的组合达到 $2^{56}=7.2\times10^{16}$ 种，想用穷举法来确定某一个密钥的机会是很小的。对 17 轮或 18 轮 DES 进行差分密码的强度已相当于穷尽分析；而对 19 轮以上 DES 进行差分密码分析则需要大于 2^{64} 个明文，但 DES 明文分组的长度只有 64 比特，因此实际上是不可行的。

为了更进一步提高 DES 算法的安全性，可以采用加长密钥的方法。例如，IDEA（International Data Encryption Algorithm）算法，它将密钥的长度加大到 128 位，每次对 64 位的数据组块进行加密，从而进一步提高了算法的安全性。

DES 算法在网络安全中有着比较广泛的应用。但是由于对称加密算法的安全性取决于密钥的保密性，在开放的计算机通信网络中如何保管好密钥一直是个严峻的问题。因此，在网络安全的应用中，通常将 DES 等对称加密算法和其他的算法结合起来使用，形成混合加密体系。在电子商务中，用于保证电子交易安全性的 SSL 协议的握手信息中也用到了 DES 算法来保证数据的机密性和完整性。另外，在 UNIX 系统中，也使用了 DES 算法用于保护和处理用户密码的安全。

（三）对称密钥密码体制的其他常用算法简介

随着计算机软硬件水平的提高，DES 算法的安全性也受到了一定的挑战。为了更进一步提高对称加密算法的安全性，在 DES 算法的基础上发展了其他对称加密算法。

1. 三重 DES（Triple DES）算法

三重 DES 算法是在 DES 算法的基础上为了提高算法的安全性而发展起来的，采用 2 个或 3 个密钥对明文进行 3 次加解密运算，其效果相当于将密钥长度增加 1 倍。

三重 DES 算法的有效密钥长度就从 DES 算法的 56 位变成 112 位或 168 位，因此安全性也相应得到了提高。

2. 国际数据加密算法（International Data Encryption Algorithm，IDEA）

和 DES 算法一样，IDEA 也是对 64 位大小的数据块进行加密的分组加密算法，输入的明文为 64 位，生成的密文也为 64 位。IDEA 是一种由 8 个相似圈和一个输出变换组成的迭代算法。相对于 DES 算法，IDEA 的密钥长度增加到 128 位，能够有效地提高算法的安全性。IDEA 自问世以来，已经经历了大量的详细审查，对密码分析具有很强的抵抗能力。与 DES 的不同之处在于，IDEA 采用软件实现和采用硬件实现同样快速。IDEA 的密钥比 DES 的多一倍，增加了破译难度，被认为是多年后都有效的算法。就现在来看，应当说 IDEA 是非常安全的。

由于 IDEBA 是在美国之外提出并发展起来的，避开了美国法律上对加密技术的诸多限制，因此有关 IDEA 算法和实现技术的书籍都可以自由出版和交流，可极大地促进 IDEA 的发展和完善。

二、公开密钥密码体制

公开密钥加密算法是密码学发展道路上一次革命性的进步。从密码学最初到现代，几乎所有的密码编码系统都是建立在基本的替换和换位工具的基础之上的。公开密钥密码体制则与以前的所有方法都完全不同，一方面公开密钥密码算法基于数学函数而不是替换和换位，更重要的是公开密钥密码算法是非对称的，会用到两个不同的密钥，这对于保密通信、密钥分配和鉴别等领域有着深远的影响。

公钥密码体制的产生主要有两个原因，一是由于常规密码体制的密钥分配问题，二是由于对数字签名的需求。

在公钥密码体制中，加密密钥也称为公钥（Public Key，PK），是公开信息；解密密钥也称为私钥（Secret Key，SK），不公开是保密信息，私钥也叫秘密密钥；加密算法 E 和解密算法 D 也是公开的。SK 是由 PK 决定的，不能根据 PK 计算出 SK。私钥产生的密文只能用公钥来解密；并且，公钥产生的密文也只能用私钥来解密。

（一）公开密钥密码的概念

非对称密码体制也叫公开密钥密码体制、双密钥密码体制。其原理是加密密钥与解密密钥不同，形成一个密钥对，用其中一个密钥加密的结果，只能用配对的另一个密钥来解密。通常，在这种密码系统中，加密密钥是公开的，解密密钥是保密的，加密和解密算法都是公开的。每个用户有一个对外公开的加密密钥 K_e（称为公钥）和对外保密的解密密钥 K_d（称为私钥）。

公钥体制的特征如下：

①用 K_e 对明文加密后，再用 K_d 解密，即可恢复出明文，即
$$M = D_{Ke} \ E_{Ke}(M)$$

②加密和解密运算可以对调，即
$$M = D_{Kd} \ E_{Ke}(M) = E_{Ke} \ D_{Ke}(M)$$

③加密密钥不能用来解密，即
$$M \neq D_{Ke} \ E_{Kd}(M)$$

④在计算上很容易产生密钥对 K_e 和 K_d，但已知 K_e 是不能推导出 K_d 的，或者说从 K_e 得到 K_d 是"计算上不可能的"。

对称密码体制与非对称密码体制的对比如表 6－1 所示。

表 6－1　　　　　　　　对称密码体制与非对称密码体制的比较

分类	对称密码体制	非对称密码体制
运行条件	加密和解密使用同一个密钥和同一个算法	用同一个算法进行加密和解密，而密钥有一对，其中一个用于加密，另一个用于解密
	发送方和接收方必须共享密钥和算法	发送方和接收方每个使用一对相互匹配，而又彼此互异的密钥中的一个

续表

分类	对称密码体制	非对称密码体制
安全条件	密钥必须保密	密钥对中的私钥必须保密
	如果不掌握其他信息，要想解密报文是不可能或至少是不实现的	如果不掌握其他信息，要想解密报文是不可能或至少是不实现的
	知道所用的算法加上密文的样本必须不足以确定密钥	知道所用的算法、公钥和密文的样本必须不足以确定私钥
保密方式	基于发送方和接收方共享的秘密（密钥）	基于接收方个人的秘密（私钥）
基本变换	面向符号（字符或位）的代替或换位	面向数字的数学函数的变换
适用范围	消息的保密	主要用于短消息的保密（如对称密码算法中所使用密钥的交换）或认证、数字签名等

使用公开密钥对文件进行加密传输的实际过程包括如下 4 个步骤：①发送方生成一个加密数据的会话密钥，并用接收方的公开密钥对会话密钥进行加密，然后通过网络传输到接收方。②发送方对需要传输的文件用会话密钥进行加密，然后通过网络把加密后的文件传输到接收方。③接收方用自己的私钥对发送方加过密的会话密钥进行解密后得到加密文件的会话密钥。④接受方用会话密钥对发送方加过密的文件进行解密得到文件的明文形式。因为只有接收方才拥有自己的私钥，所以即使其他人得到了经过加密的会话密钥，也因为没有接收方的私钥而无法进行解密，也就保证了传输文件的安全性。实际上，上述文件传输过程中实现了两个加密、解密过程——文件本身的加密和解密与私钥的加密和解密，这分别通过对称密钥密码体制的会话密钥和公开密钥密码体制的私钥和公钥来实现。

（二）RSA 算法及其安全性分析

PSA 密码体制是目前为止最为成功的非对称密码算法，它的安全性是建立在"大数分解和素性检测"这个数论难题的基础上的，即将两个大素数相乘在计算上容易实现，而将该乘积分解为两个大素数因子的计算量相当大。虽然它的安全性还未能得到理论证明，但经过 20 多年的密码分析和攻击，迄今仍然被实践证明是安全的。

PSA 使用两个密钥，一个是公共密钥，一个是私有密钥。若用其中一个加密，则可用另一个解密，密钥长度从 40 到 2048bit 可变，加密时也把明文分成块，块的大小可变，但不能超过密钥的长度。RSA 算法把每一块明文转化为与密钥长度相同的密文块。密钥越长，加密效果越好，但加密/解密的开销也大，所以要在安全与性能之间折中考虑，一般 64 位是较合适的。RSA 的一个比较知名的应用是 SSL，在美国和加拿大 SSL 用 128 位 RSA 算法，由于出口限制，在其他地区通用的则是 40 位版本。

1. RSA 算法的基本思想

RSA 算法研制的最初理念与目标是努力使 Internet 安全可靠，旨在解决 DES。算法秘密密钥利用公开信道传输分发的难题。而实际结果不但很好地解决了这个难题，还可利用 RSA 来完成对电文的数字签名以对抗电文的否认与抵赖，同时还可以利用数字签名较容易地发现攻击者对电文的非法篡改，以保护数据信息的完整性。RSA 算法算法包括密钥生成、加密过程、解密过程。

2. RSA 算法的安全性分析

为了增加 RSA 算法的安全性，最实际的做法就是加大 n 的长度。随着 n 的位数的增加，分解 n 将变得非常困难。随着计算机硬件水平的发展，对一个数据进行 RSA 加密的速度将越来越快，另一方面，对 n 进行因数分解的时间也将有所缩短。但总体来说，计算机硬件的迅速发展对 RSA 算法的安全性是有利的，也就是说，硬件计算能力的增强使得可以给 n 加大位数，而不至于放慢加密和解密运算的速度；而同样硬件水平的提高，却对因数分解计算的帮助没有那么大。现在商用 RSA 算法的密钥长度一般采用 2048 位。

（三）公开密钥算法在网络安全中的应用

以 DES 为代表的对称密钥密码算法的特点是算法简单，加/解密运算速度快；但其密钥管理复杂，不便于数字签名。对称密钥密码系统的安全性依赖于以下两个因素：第一，加密算法必须足够强，仅仅基于密文本身去解密信息在实践上是不可能的；第二，加密系统的安全性依赖于密钥的保密性，而不是算法的保密性。对称密钥密码系统的算法实现速度很快，软件实现的速度都可达到每秒数兆或数十兆比特。还是基于这些特点，对称密钥密码系统得到了广泛的应用。因为该算法不需要保密，所以制造商可以大规模开发、生产低成本的芯片以实现数据加密。

公开密钥算法由于解决了对称加密算法中的加密和解密密钥都需要保密的问题，在网络安全中得到了广泛的应用。公开密钥密码系统的优点是密钥管理方便和便于实现数字签名。因此，最适合于电子商务等应用需要。但是，以 RSA 算法为主的公开密钥算法也存在一些缺点。例如，公钥密钥算法比较复杂。在加密和解密的过程中，由于都需要进行大数的幂运算，其运算量一般是对称加密算法的几百、几千甚至上万倍，导致了加密、解密速度比对称加密算法慢很多。因此，在网络上传送信息特别是大量的信息时，一般没有必要都采用公开密钥算法对信息进行加密，这也是不现实的。

因此，在实际应用中，公开密钥密码系统并没有完全取代对称密钥密码系统，而是采用相互结合（混合）的方式。在混合加密体系中，使用对称加密算法（如 DES 算法）对要发送的数据进行加、解密，同时，使用公开密钥算法（最常用的是 RSA 算法）来加密对称加密算法的密钥。这样，就可以综合发挥两种加密算法的优点，既加快了加、解密的速度，又解决了对称加密算法中密钥保存和管理的困难，是目前解决网络上信息传输安全性的一个较好的解决方法。

这种混合加密方式可以较好地解决加密/解密运算的速度问题和密钥分配管理问题。使用这种混合加密方式既可以体现对称密钥算法速度快的优势，也可发挥公钥密钥算法管理方便的优势，二者各取其优，扬长避短。

第三节 数字签名与认证

一、数字签名概述

数字签名（又称公钥数字签名、电子签章）是一种类似写在纸上的普通的物理签名，但是使用了公钥加密领域的技术实现，用于鉴别数字信息的方法。一套数字签名通常定义两种互补的运算，一个用于签名，另一个用于验证。数字签名，就是只有信息的发送者才能产生的别人无法伪造的一段数字串，这段数字串同时也是对信息的发送者发送信息真实性的一个有效证明。数字签名是非对称密钥加密技术与数字摘要技术的应用。

数字签名在信息安全中有着很重要应用，尤其是在大型网络安全通信中的密钥分配、认证及电子商务系统中具有重要作用。数字签名是实现认证的重要工具。

（一）数字签名的概念与特点

1. 数字签名的概念

数字签名就是通过一个单向 Hash 函数对要传送的报文进行处理，用以认证报文来源并核实报文是否发生变化的一个字母数字串，该字母数字串被称为该消息的消息鉴别码或消息摘要，这就是通过单向 Hash 函数实现的数字签名。

数字签名（或称电子加密）是公开密钥加密技术的一种应用。其使用方式如下：报文的发送方从报文文本中生成一个 128 位的散列值。发送方用自己的专用密钥对这个散列值进行加密来形成发送方的数字签名。然后，这个数字签名将作为报文的附件和报文一起发送给报文的接收方。报文的接收方首先从接收到的原始报文中计算出 128 位的散列值（或报文摘要），接着再用发送方的公开密钥来对报文附加的数字签名进行解密。如果两个散列值相同，则接收方就能确认该数字签名是发送方的。

数字签名机制提供了一种鉴别方法，通常用于银行、电子贸易方面等，以解决如下问题：①伪造：接收者伪造一份文件，声称是对方发送的。②抵赖：发送者或接收者事后不承认自己发送或接收过文件。③冒充：网上的某个用户冒充另一个用户发送或接收文件。④篡改：接收者对收到的文件进行局部的篡改。

2. 数字签名的特点

数字签名除了具有普通手写签名的特点和功能外，还具有自己独有的特点：

①签名是可信的：任何人都可以方便地验证签名的有效性。

②签名是不可伪造的：除了合法的签名者之外，任何其他人伪造其签名是困难的。这里的这种困难性指实现时计算上是不可行的。

③签名是不可复制的：对一个消息的签名不能通过复制变为另一个消息的签名。如果一个消息的签名是从别处复制的，则任何人都可以发现消息与签名之间的不一致性，从而可以拒绝签名的消息。

④签名的消息是不可改变的：经签名的消息不能被篡改。一旦签名的消息被篡改，则任何人都可以发现消息与签名之间的不一致性。

⑤签名是不可抵赖的：签名者不能否认自己的签名。

（二）数字签名的分类

数字签名一般可以分为直接数字签名和可仲裁数字签名两大类。

1. 直接数字签名

直接数字签名是只涉及通信双方的数字签名。为了提供鉴别功能，直接数字签名一般使用公钥密码体制。主要有以下几种使用形式：①发送者使用自己的私钥对消息直接进行签名、接收方用发送方的公钥对签名进行鉴别。②发送方先生成消息摘要，然后对消息摘要进行数字签名。

直接方式的数字签名有一弱点，即方案的有效性取决于发方私钥的安全性。如果发方想对自己已发出的消息予以否认，就可声称自己的私钥已丢失或被盗，认为自己的签名是他人伪造的。对这一弱点可采取某些行政手段，在某种程度上可减弱这种威胁，例如，要求每一被签的消息都包含有一个时间戳（日期和时间），并要求密钥丢失后立即向管理机构报告。

2. 可仲裁数字签名

可仲裁数字签名在通信双方的基础上引入了仲裁者的参与。仲裁方式的数字签名和直接方式的数字签名一样，也具有很多实现方案，主要有以下几种使用形式：①单密钥加密方式，仲裁者可以获知消息。②单密钥加密方式，仲裁者不能获知消息。③双密钥加密方式，仲裁者不能获知消息。

在实际应用中由于直接数字签名方案存在安全性缺陷，所以更多采用的是一种基于仲裁的数字签名技术，即通过引入仲裁来解决直接签名方案中的问题。但总的来说，二者的工作方式是基本相同的。在这种方式中，仲裁者起着重要的作用并应取得所有用户的信任。也就是说仲裁者 A 必须是一个可信的系统。

与前两种方案相比，第三种方案有以下优点：①在协议执行以前，各方都不必有共享的信息，从而可以防止共谋。②只要仲裁者的私钥不被泄露，任何人包括发方就不能发送重放的信息。③对任何第三方（包括 A）而言，X 发往 Y 的消息都是保密的。

（三）数字签名的要求

当消息基于网络传递时，接收方希望证实消息在传递过程中没有被篡改，或希望确认发送者的身份，从而提出数字签名的需要。为了满足数字签名的这种应用要求，数字签名必须保证：①接收者能够核实发送者对报文的签名（包括验证签名者的身份及其签名的时间）。②发送者事后不能抵赖对报文的签名。③接收者不能伪造对报文的签名。④必须能够认证签名时刻的内容。⑤签名必须能够被第三方验证，以解决争议。

因此，数字签名具有验证的功能。数字签名的设计要求有以下几点：①签名必须是依赖于被签名信息的一个位串模板，即签名必须以被签名的消息为输入，与其绑定。②签名必须使用某些对发送者是唯一的信息。对发送者唯一就可以防止发送方以外的人伪造签名，也防止发送方事后否认。③必须相对容易地生成该数字签名，即签名容易生成。④必须相对容易地识别和验证该数字签名。⑤伪造数字签名在计算复杂性意义上具有不可行性，包括对一个已有的数字签名构造新的消息，对一个给定消息伪造一个数字签名。⑥在存储器中保存一个数字签名副本是现实可行的。

（四）数字签名的特殊性

传统手写签名的验证是通过与存档的手迹进行对照来确定签名的真伪。这种对照判断具有一定程度上的主观性和模糊性，因而不是绝对可靠的，容易受到伪造和误判的影响。由于物理性质的差别,电子文档是一个编码序列,对它的签名也只能是一种编码序列。

数字签名是手写签名在功能上的一种电子模拟,其基于两条基本的假设:一是私钥是安全的,只有其拥有者才能知晓;二是产生数字签名的唯一途径是使用私钥。尽管数字签名的安全性并没有得到证明,但超出这种假设(如使用未知的密钥而非私钥、或使用未知的算法而非数字签名算法得到的结果可能被声称者的公钥解密)的攻击成功的例子也没有人获悉过。这就是密码学中的一个特殊现象:"计算上不可行""认为是正确的"。

数字签名应该具有以下性质:①(精确性)签名是对文档的一种映射,不同的文档内容所得到的映射结果是不一样的,即签名与文档具有一对应关系。②(唯一性)签名应基于签名者的唯一性特征(如私钥),从而确定签名的不可伪造性和不可否认性。③(时效性)签名应该具有时间特征,防止签名的重复使用。由此可见,数字签名比手写签名有更强的不可否认性和可认证性。

二、CA 认证与数字证书

(一) CA 认证

CA 是认证机构的国际通称,是公钥基础设施 PKI(Public Key Infrastructure)的核心部分,它是对数字证书的申请者发放、管理、取消数字证书的机构,是 PKI 应用中权威的、可信任的、公开的第三方机构。CA 认证机构在《电子签名法》中被称为"电子认证服务提供者"。

一个典型 CA 系统包括安全服务器、注册机构、CA 服务器、LDAP 目录服务器和数据库服务器等。

CA 认证系统采用国际领先的 PKI 技术,总体分为三层 CA 结构:第一层为根 CA;第二层为政策 CA,可向不同行业、领域扩展信用范围;第三层为运营 CA,根据证书动作规范(CPS)发放证书。

CA 认证系统是 PKI 的信任基础,因为它管理公钥的整个生命周期。CA 的作用如下:①发放证书,用数字签名绑定用户或系统的识别号和公钥。②规定证书的有效期。③通过发布证书废除列表(CRL),确保必要时可以废除证书。C

(二) 数字证书

数字证书是由权威机构——CA 机构,又称为证书授权(Certificate Authority)中心发行的,人们可以在网上用它来识别对方的身份。

数字证书就是互联网通信中标志通信各方身份信息的一串数字,提供了一种在 Internet 上验证通信实体身份的方式,数字证书不是数字身份证,而是身份认证机构盖在数字身份证上的一个章或印（或者说加在数字身份证上的一个签名）。

证书在公钥体制中是密钥管理的介质，不同的实体可通过证书来互相传递公钥，证书由具有权威性、可信任性和公正性的第三方机构签发，是具有权威的电子文档。

证书的这些内容主要用于身份认证、签名的验证和有效期的检查。CA签发证书时，要对上述内容进行签名，以示对所签发证书内容的完整性、准确性负责，并证明该证书的合法性和有效性，最后将网上身份与证书绑定。

数字证书有如下作用：①访问需要客户验证的安全Internet站点。②用对方的数字证书向对方发送加密的信息。③给对方发送带自己签名的信息。

证书在公钥体制中是密钥管理的媒介，不同的实体可通过证书来互相传递公钥。CA颁发的证书与对应的私钥存放在一个保密文件里，最好的办法是存放在IC卡或USBKey中，可以保证私钥不出卡，证书不被复制，安全性高、携带方便、便于管理。

数字证书通常有个人证书、企业证书和服务器证书等类型。个人证书有个人安全电子邮件证书和个人身份证书，前者用于安全电子邮件或向需要客户验证的Web服务器表明身份；后者包含个人身份信息和个人公钥，用于网上银行、网上证券交易等各类网上作业。企业证书中包含企业信息和企业公钥，可标识证书持有企业的身份，证书和对应的私钥存储于磁盘或IC卡中，可用于网上证券交易等各类网上作业。服务器证书有Web服务器证书和服务器身份证书，前者用于IIS等多种Web服务器；后者包含服务器信息和公钥，可标识证书持有服务器的身份，证书和对应的私钥存储于磁盘或IC卡中，用于表征该服务器身份。

以数字证书为核心的加密技术可以对网络上传输的信息进行加密解密、数字签名和验证，确保网上传递信息的保密性、完整性，以及交易实体身份的真实性，签名信息的不可否认性，从而保障网络应用的安全性。

三、数字证书的应用

（一）数字证书在安全PORM表单中的实际应用

在身份认证中，为了保证数据的安全，需要在浏览器与WWW服务器之间采取双向认证的方式，建立一个互信机制。目前，双向认证中多采用数字证书与数字签名的方式来实现，这是一种强认证方式，能可靠地实现通信双方的身份认证，能满足大多安全应用场合的需求。它的认证过程分五步来实现：

第一步，客户方，即浏览器，向服务器发出安全连接请求信息。

第二步，WWW 服务器在收到安全连接请求信息后，把自己的数字证书、签名信息发送给客户方。

第三步，客户方在收到这些信息后，首先对服务器的数字证书进行验证，验证通过后再利用其证书公钥对签名信息进行验证，这两个验证通过后，则表明服务器可信。

第四步，客户方向服务器提交自己的数字证书和签名信息。

第五步，服务器对客户提交的数字证书和签名信息按照第三步的方式进行验证。

在通过上述五步后，浏览器与 WWW 服务器之间就建立了互信机制，保证了两个通信对象的身份可靠性。

（二）数字证书在时间戳服务系统中的实际应用

1. 时间戳服务系统服务端设计

服务端的时间戳服务器设计是整个系统的设计核心，也是整个系统功能的体现。时间戳服务器在功能上包括以下五大模块：通信服务模块、时间戳服务模块、数据验证模块、日志记录模块、加密模块。通信服务模块与时间戳服务模块共同完成时间戳服务器的整体功能，通信服务模块完成数据的接收与发送，时间戳服务模块则完成数据的处理。其中，时间戳服务模块又包括数据验证模块、加密模块、日志记录模块三个子模块，它协调这三个数据处理模块来完成数据处理，并对数据的格式进行验证。在数据验证模块中又要用到加密模块。数据验证模块用来验证请求数据的完整性与可信性；日志记录模块用来对用户的请求行为进行记录；加密模块用来进行数据签名、验证签名、产生时间戳、验证时间戳等。模块结构中通信服务模块和加密模块最为重要，通信服务模块提供对外的数据接口，加密模块则完成数据的核心功能处理。

时间戳服务器在整个体系结构中作为一个核心服务器而存在，时间戳服务器中数据的流向共有三个通道，一个正常的通道，两个错误的通道。错误有两种方式：一是数据的格式不正确，包括缺少标记、标记中无数据、证书格式不正确；二是数据不可信，包括哈希算法不正确、签名不正确、证书过期、证书发放机构不可信。

请求数据在正常的情况下通过正常的通道。通信服务模块在收到请求数据后，把请求数据提交给时间戳服务模块进行数据格式验证。验证通过后，时间戳服务模块调用数据验证模块对请求数据的完整性验证、用户的证书可信性进行验证。在这些验证都通过后，数据流向加密模块，加密模块对正确的请求数据产生相应的时间戳标志，然后把带有时间戳标志的结果数据提交给日志记录模块，对用户的访问行为进行记录，最后把结果数据返回给通信服务模块，由通信服务模块再把结果数据返回给请求客户。

2. 时间戳服务系统中间层设计

中间层的主要作用是连接客户端和服务端，同时对服务端又起到与外界隔离的作用，用户对服务器的访问必须经过中间层的转接才能实现。根据前面提出的需求，中间层与 WEB 服务器结合起来。

因此，这里的中间层做成 COM 组件的形式，以供服务端脚本语言 ASP 调用。中间层模块在接收到客户端请求数据后，先对请求数据的格式进行检查，若格式不正确就向客户返回一个错误 ERROR，否则取得客户端 IP 添加到请求数据中，并向时间戳服务器发出 TCP/IP 请求，然后等待回应。在收到时间戳服务器的回应数据后，对数据进行分析。若返回结果为 BUSY，则表示服务器忙，应稍后再向服务器发出请求，否则把数

据以 HTTP 返回给客户。时间戳最后返回给客户的结果数据包括成功或不成功的 XML 格式的结果数据。如果在规定的时间内请求时间戳服务的任务不能完成，向客户端返回一个错误信息 ERROR。

3. 时间戳服务系统客户端设计

客户端的所有功能由客户端模块来实现，它主要为用户提供一个便于使用的界面，为用户完成时间戳服务的请求以及对时间戳结果数据的处理。需加盖时间戳的数据首先进行哈希运算，得到此数据的文件摘要值或哈希值，时间戳服务器将对此代表原始数据的哈希值加盖时间戳。根据前面提出的需求，要保证数据的传输安全，因此，对哈希值进行签名，最后形成正确的时间戳服务请求格式，并把请求数据以 HTTP 提交给时间戳服务系统的中间层，然后等待回应数据。当结果数据返回时，需要对结果数据进行正确性分析和完整性验证以及时间戳服务器的证书可信性与有效性的验证，最后对得到的数据按照不同的应用做相应的处理。

根据前面的需求，要求客户端与浏览器结合起来，方便用户应用的实现。客户端在实现签名时，要与本地的证书管理模块结合起来，能够让用户对签名所用的证书进行选择。在对时间戳服务器的证书可信性进行验证时，采用证书管理模块的授信证书区的证书进行验证。这里的客户端做成一个 COM 组件形式，供客户端脚本的调用，而且客户端模块也尽量小，以满足轻型客户端的要求。另外，客户端还可以根据用户的特定应用定制特定的客户端模块，方便用户对时间戳服务器的使用。

第七章　网络管理与信息安全

第一节　网络安全管理

一、网络管理的基本内容

（一）用户管理

用户管理包括管理用户标识、用户账号、用户口令和用户个人信息等。

（二）配置管理

配置管理的目标是监视网络的运行环境和状态，改变和调整网络设备的装置，确保网络有效可靠地运行。网络配置包括识别被管理网络的拓扑结构、监视网络设备的运行状态和参数、自动修改指定设备的配置、动态维护网络等。

（三）性能管理

性能管理的目标是通过监控网络的运行状态，调整网络性能参数来改善网络的性能，确保网络平稳运行。网络性能包括网络吞吐量、响应时间、线路利用率、网络可用性等参数。

（四）故障管理

故障管理的目标是准确、及时地确定故障的位置及产生原因，尽快解除故障，从而保证网络系统正常运行。故障管理通常包括故障检测、故障诊断和故障恢复。

（五）计费管理

公用数据网必须能够根据用户对网络的使用核算费用并提供费用清单。数据网中费用的计算方法通常要涉及几个互联网络之间的费用核算和分配问题。所以，网络费用的计算也是网络管理中非常重要的一项内容。

计费管理主要包括统计用户使用网络资源的情况、根据资费标准计算使用费用、统计网络通信资源的使用情况、分析预测网络业务量等。

（六）安全管理

网络安全管理的目标是保护网络用户信息不受侵犯、防止用户网络资源的非法访问、确保网络资源和网络用户的安全。

安全管理的措施包括设置口令和访问权限以防止非法访问、对数据进行加密、防止非法窃取信息、防治病毒等。

二、网络管理模式

现在计算机网络变得愈来愈复杂，对网络管理性能的要求也愈来愈高，为了满足这种需求，今后的网络管理将朝着层次化、集成化、Web化和智能化方向发展。网络管理模式有集中式、分布式、分层式和分布式与分层式结合四种方法。

（一）集中式网络管理模式

集中式网络管理模式是目前使用最为普遍的一种模式，有一个网络管理者对整个网络的管理负责，处理所有来自被管理网络系统上的管理代理的通信信息，为全网提供集中的决策支持，并控制和维护管理工作站上的信息存储。

集中式有一种变化的形式，即基于平台的形式。该模式将唯一的网络管理者分成管理平台和管理应用两部分。管理平台是对管理数据进行处理的第一阶段，主要进行数据采集，并能对底层管理协议进行屏蔽，为应用程序提供一种抽象的统一的视图。管理应用在数据处理的第二层，主要进行决策支持和执行一些比信息采集和简单计算更高级的功能。这两部分通过公共应用程序接口（Application Programming Interface，API）进行通信。这种结构易于维护和扩展，也可简化异构的、多厂商的、多协议网络环境的集成应用程序的开发。

（二）分布式网络管理模式

为了减少中心管理控制台、局域网连接和广域网连接以及管理信息系统不断增长的负担，将信息和智能分布到网络各处，使得管理变得更加自动化，在最靠近问题源的地方能够做出基本的决策，这就是分布式网络管理的核心思想。

分布式网络的管理功能分布到每一个被管设备，即将局部管理任务、存储能力和部分数据库转移到被管设备中，使被管设备成为具有一定自我管理能力的自治单元，而网络管理系统则侧重于网络的逻辑管理。按分布式网络管理方法组成的管理结构是一种对等式的结构，有多个管理者，每个管理者负责管理一个域，相互通信都在对等系统内部进行。

分布式网络管理将数据采集、监视以及管理分散开来，它可以从网络上的所有数据源采集数据而不必考虑网络的拓扑结构，为网络管理员提供更加有效的、大型的、地理分布广泛的网络管理方案。分布式网络管理模式主要具有以下特点。

1. 自适应基于策略的管理

自适应基于策略的管理是指对不断变化的网络状况做出响应并建立策略，使得网络能够自动与之适应，从而提高解决网络性能及安全问题的能力，减少网络管理的复杂性。

2. 分布式的设备查找与监视

分布式的设备查找与监视是指将设备的查找、拓扑结构的监视以及状态轮询等网络管理任务从管理网站分配到一个或多个远程网站的能力。这种重新分配既降低了中心管理网站的工作负荷，又降低了网络主干和广域网连接的流量负荷。

采用分布式管理，安装有网络管理软件的网站可以配置成采集网站或管理网站。采集网站是那些接替了监视功能的网站，它们向有兴趣的管理网站通告它们所管理的网络的任何状态变化或拓扑结构变化。每个采集网站负责对一组用户可规范的管理型对象（称为域）进行信息采集。采集/管理网站跟踪其在它们的域内所发生的网络设备的增加、移动和变化。在规律性的间歇期间，各网站的数据库将与同一级或高一级的网站进行同步调整，这使得远程网址的信息系统管理员在监控它们自己资源的同时，也让全网络范围的管理员了解了目前设备的现有状况。

3. 智能过滤

通过优先级控制，不重要的数据就会从系统中排除，从而使得网络管理控制台能够集中处理高优先级的事务。为了在系统中的不同地点排除不必要的数据，分布式管理采用设备查找过滤器、拓扑过滤器、映像过滤器与报警和事件过滤器。

4. 分布式阈值监视

阈值事件监视有助于网络管理员先于用户感觉到有网络故障，并在故障发生之前将问题检测出来，加以隔离。采集网站可以独立地向相关的对象采集到 SNMP 及 RMON 趋势数据，并根据这些数据引发阈值事件措施。采集网站还将向其他需要上述信息的采集网站及管理网站提供这些信息，同时还有选择地将数据转发给中心控制台，以便进行容量规划、趋势预测以及为服务级别协议建立档案。

5. 轮询引擎

轮询引擎可以自动地、自主地调整轮询间隙，从而在出现异常高的读操作或出现网络故障时，获得对设备或网段的运行及性能更加明了的显示。

6. 分布式管理任务引擎

分布式管理任务引擎可以使网络管理更加自动，更加独立。其典型功能包括分布式软件升级及配置、分布式数据分析和分布式 IP 地址管理。

分布式管理的根本属性是能容纳整个网络的增长和变化，因为随着网络的扩展，监视职能及任务职责会同时不断地分布开来，既提供了很好的扩展性，又降低了管理的复杂性。将管理任务都分布给各域的管理者，使网络管理更加稳固可靠，这样既提高了网络性能，又使网络管理在通信和计算方面的开销大大减少。

（三）分层式网络管理模式

尽管分布式网络管理能解决集中式网络管理中出现的一系列问题，但目前还无法实现完全的分布方案，因此，目前的网络管理是分布式与集中式相结合的分层式网络管理模式。

分层式网络管理模式是在集中式管理中的管理者和代理之间增加一层或多层管理实体，即中层管理者，从而使管理体系层次化。在管理者和代理间增加一层管理实体的分布式网络管理模式。一个域管理者只负责该域的管理任务而并不能意识到网络中其他部分的存在，域管理者的管理者 MOM（Manager of Managers）位于域管理者的更高层，收集各个域管理者的信息。分层式与分布式最大的区别：各域管理者之间不相互直接通信，只能通过管理者的管理者间接通信。分层式网络管理模式在一定程度上缓解了集中式管理中存在的问题，但是给数据采集增加了一定的难度，同时也增加了客户端的配置工作。如果域管理者配置不够仔细，往往会使多个域管理者监视和控制同一个设备，从而消耗网络的带宽。

分层式结构可以通过加入多个 MOM 进行扩展，也可以在 MOM 上再构建 MOM，使网络管理体系成为一种具有多个层次的结构。这种结构的管理模式比较容易开发集成的管理应用，并且使这些管理程序能从各个不同域中读取信息。

（四）分布式与分层式结合网络管理模式

分布式与分层式结合网络管理模式吸收了分布式和分层式的优点和特点，具有很好的可扩展性，它采用了域管理和 MOM 的思想。

在分布式与分层式结合网络管理模式中，有多个管理者，这些管理者被分为元素管理者和集成管理者两类。每个元素管理者负责管理一个域，而每个元素管理者又可以被多个集成管理者管理，所以，集成管理者就是管理者的管理者。多个集成管理者之间也具有一定的层次性，易于开发集成的管理应用。

三、网络安全管理的策略

（一）强化网民的互联网安全管理观念

互联网安全管理不能只靠政府的具体实际行为，政府管理者和公众的互联网安全管理观念也是很重要的环节。只有具备了充分和先进的观念，才能科学地指导实践工作，才能使安全管理工作占据精神上的高地。

1. 重视互联网安全管理

认识到当前互联网的发展形势，提高警惕意识，注重从源头上治理互联网安全问题。要提升网民进行互联网操作的能力。如果没有一定的网络操作能力，也就难以进行网络安全隐患的防备，因为互联网属于高科技，对于其操作和使用是一个技术上的要求。要通过各种途径使网民都能了解杀毒软件、补丁程序的下载和使用，加深对安全管理工具的熟悉程度。

2. 举办网络安全管理讲座

由于我国网民数量众多，分布广泛，因此，可以利用国家级和省级电视台、互联网等媒体，举办各种有关网络安全方面的培训讲座，使公众能够方便地接受有关培训。另外，在培训讲座的内容选择方面要结合实际情况，要有针对性，重点介绍防止黑客攻击、网络犯罪、网络不良信息干扰和网络诈骗等方面的内容，使广大公众易于接受。

3. 加强互联网安全管理的法治教育

对公众进行互联网安全方面的法律和行政法规的宣传，向公众传授有关法律知识，提高其对于互联网安全管理法制的认识和理解，从而强化安全管理的法律意识，约束自己的行为，防御互联网安全问题的侵害。

（二）完善互联网安全管理的相关法律法规

立法是制度建设的主要因素，作为互联网安全管理方面的法律法规，其制定和完善将为安全管理工作的顺利开展提供法律保障，也为该项工作的开展提供科学的指导。当前我国正在建设社会主义法治国家，法治政府、法治市场经济建设都是法治国家建设的关键要素，而作为政府管理内容之一的互联网安全管理，也应当适应法治政府建设的标准和需求，坚持依法管理、法制健全、执法有保障。目前我国互联网安全管理的法律规章还存在很多问题，完善相关的法律法规规章，是现实情况的必然要求，也是建立互联网安全管理长效机制的题中之义。

1. 制定互联网管理相关法规

明确对互联网违法和不良信息的处罚原则、方式和处罚类型。法律的威慑作用是通过其对违法行为的惩处来表现的，我国应当多参考其他国家类似问题的立法经验，结合我国自身实际情况，在处罚网络不良和违法信息方面明确有关责任。未成年人作为祖国的下一代，担负着我国经济建设和社会发展的重任，也是推进民族复兴工作的主要力量，只有身心健康、法治意识完备、能力过硬的年轻一代才能真正挑起重担。目前，我国互联网中存在着很多对未成年人成长产生不良影响的信息，而未成年人尚处在心智的发育和成熟阶段，对网络信息的判断能力尚未加强，在网络不良内容的诱惑下，极有可能沉迷或者被误导，而强化对未成年人健康上网的法律制度制定，积极引导其合理利用网络资源，帮助其避开不良内容的侵害将是立法的重要内容。立法提高对未成年人的关注和保护度，将会对未成年人的健康成长起到积极的作用。我国法律应当进一步明确隐私权的权利主体、客体、侵权行为类型、表现以及具体法律责任等。健全关于隐私权的制度设计，保障执法工作有充分的依据。

2. 加强立法的前瞻性，并适应互联网现实发展的需要

在信息化时代，互联网发展的速度相当快，关于互联网安全问题的各种新情况层出不穷，这对立法者的立法前瞻性提出了很高的要求。立法是一项严谨细致的工作，关于安全管理方面的立法也应当遵循这个原则，不能仅仅因为一时的形势变化而草率立法或者随意更改内容。应当深刻研究互联网安全问题的本质、发展方向、特征等，把握安全问题的规律，在立法过程中要紧密结合这些规律，加强论证和研讨，进行科学合理的条文设计。立法要对互联网安全问题的未来发展态势有一个基本的预期，以增强立法的前瞻性，减少因为新情况的出现而导致的法律规制漏洞，降低法制风险。最重要的是改变被动立法的局面，即使出现突发问题要对法律法规的适用做出变通，也要及时采取合理的补充立法方式来加以完善，变被动立法为主动有为的立法。

（三）建立互联网安全管理的有效机制

互联网安全管理需要科学有效的机制作为保障，这样才能使各项工作按照一定的原则、合理的程序开展，才能促进安全管理工作在正常的轨道上运行，保障法律和政策发挥其应有的作用。

1. 成立全国性互联网管理部门

高度重视互联网安全管理工作。对现有的资源进行整合，如成立由多部门联合组建的协调部门，对互联网安全问题进行专项治理。我国目前有权治理互联网安全问题的政府部门有工信部、文化和旅游部、公安部等。可以设立一个专门的管理部门，负责互联网安全管理工作的日常事务，对涉及多部门的互联网管理权力，要能够进行协调与整合，从而最大化地发挥各部门的功能，促进资源的有效配置。

2. 加强互联网安全管理科学化

制定互联网安全管理政策时应当遵循依法、科学、合理和吸取民意的原则，政策形成应当按照民主程序来进行，政策内容也应当具有可操作性与合理性。要加强对于政策执行的监管，强化纪律约束，建立科学的工作评价标准，保证有关互联网安全管理的政策能够得到有效的畅通，并为该项工作的开展提供充分的动力。

3. 强化专项治理行动

专项治理行动，能够在很短的时间内，产生打击互联网安全问题的正面影响，解决一些突出性问题，在社会上形成威慑力。专项治理行动需要协调各个参与部门的关系，发挥各部门的优势，还要听取社会公众的意见，在整治活动中吸取经验教训，促进长效机制的顺利形成。

4. 加强行业自律意识建设

加强行业自律意识建设，最主要的是做好互联网行业自律体系的建设。一方面，要加强行业自律规范的建立进程，结合互联网事业发展的具体情况，针对多发性的安全问题，制定合理的行业自律规范。互联网服务的提供者、电子商务的经营者等主体应当切实履行行业自律规范，树立职业伦理道德观，坚决抵制互联网不良行为。另一方面，要规范上网主体的行为守则，通过社会公共道德规范、法律制度的宣传等方式，使广大公众深刻理解网络不良行为的危害，减少肆意制造网络病毒、肆意进行黑客攻击的行为，避免网络谣言的散布和蔓延，树立文明上网的理念，约束和规范网络言行。

5. 建立互联网安全问题的预警制度

当发生可能危害国家安全、危害公共安全以及大规模危害财产安全的互联网行为时，如网络上的煽动行为对政权和社会稳定构成威胁时，预警机制的重要性就要突显出来。互联网安全管理的专门机构要主导各级政府、大型企业等建立预警制度，加强网络安全监测和处置。当发生重大网络安全事件时，监测机构要及时发现问题并向管理者报告，监测机构要能够进行重大问题的分析和判断，研究重大安全问题的特点和运行规律，制定出治理预案，并且还要能够单独或者协同其他部门对重大安全问题进行有效处理。这样的预警机制对于解决复杂的网络安全问题将会起到重要作用。

第二节 网络空间建构与信息安全

一、计算机技术与互联网的发展

信息技术（Information Technology，IT），广义上指充分利用和扩展人类器官功能进行信息处理的各种方法、工具与技能的总和。自人类诞生以来，信息技术已经历了五次革命：第一次是语言的产生，发生在距今 50000～35000 年，拉开了人类系统传递信息之幕；第二次是文字的发明，大约发生于公元前 3500 年，使信息传递第一次突破了时间和空间的限制；第三次是造纸术和印刷术的发明与普及，始于 1040 年中国活字印刷的发明，大大降低了信息传递的成本，提升了信息传递的效率，初步为大众传播时代的到来奠定了基础；第四次是电报、电话、广播、电影和电视的发明与普及，始于 19 世纪 30 年代有线电报机的问世，电磁波的运用使信息传播再次显著突破时空限制，全面进入大众传播时代；第五次信息技术革命始于 20 世纪 40 年代，其标志是电子计算机的普及，计算机与现代通信技术的有机结合带领人类进入了数字信息传播时代。

狭义的信息技术概念以第五次信息技术革命为核心，指利用与计算机、通信、感知控制等各种软、硬件技术设备，对信息进行加工、存储、传输、获取、显示、识别及使用等高新技术之和，它强调信息技术的现代化与高科技含量，但在本质上仍是人类思维、感觉和神经系统等信息处理器官的延伸。

信息技术与通信技术的融合发展是第五次信息技术革命的显著特征和发展趋势。此前，信息技术与通信技术是较为独立的两个范畴。前者偏重信息的编码与解码，以及在通信载体中的传输方式，后者则注重传送技术。随着技术的融合发展，两者逐渐密不可分，现代信息通信技术（Information and Communication Technology，ICT）也逐渐发展成为 20 世纪 90 年代以来最具影响力和代表性的新技术集合。如今，以计算机及其网络为核心的现代信息通信技术已经渗透到人类经济和社会生活的各个领域，为全球网络空间的形成和发展奠定了技术基础。

二、网络空间的建构及其现实效应

（一）网络空间的概念与建构

1. 网络空间的概念演进及其内涵

随着人类生活与计算机网络系统的广泛融合，网络空间的概念一直处于演变之中。从狭义的视角理解，网络空间是一个由用户、信息、计算机（包括大型计算机、个人台式机、笔记本电脑、平板电脑、智能手机以及其他智能物体）、通信线路和设备、应用软件等基本要素构成的信息交互空间，这些要素的有机组合形成了物质层面的计算机网络、数字化的信息资源网络和虚拟的社会关系网络三种意义不同但相互依附的巨信息系统。从广义的角度来看，网络空间已经成为承载并创造人类社会各种生产、生活实践的现实空间（它不是物理概念的自然空间，但却是现实存在的人造空间），它依托于信息网络等新兴技术，将生物、空间（陆地、海洋、天空、太空）、物体等自然世界的元素建立起广泛联系并展开智能交互，一个不断扩展、智能互联的网络空间成为人类未来生存和发展至关重要的场域。

2. 全球网络空间的建构

网络节点、域名服务器、网络协议及网站等基本概念是解析网络空间架构的关键，它们不仅有助于理解复杂网络空间的基本架构和运行原理，而且是开展网络空间管理的重要抓手。

网络节点是网络空间中的基本单位，通常是指网络中一个拥有唯一地址并具有数据传送和接收功能的设备或人，因此，它可以是各种形式的计算机、打印机、服务器、工作站、用户，而在物联网环境下它也可以意味着是某个具体的物体（如汽车、冰箱）等。整个网络就是由许多的网络节点组成的。通信线路将各个网络节点连接起来，便形成了一定的几何关系，构成了以计算机为基础的拓扑网络空间。

在全球网络空间中，处于第一层级核心节点的是根域名服务器，它是互联网域名解析系统（DNS）中级别最高的域名服务器。

在国家层面，以我国为例，网络空间的结构可分为核心层和大区层。核心层由北京、上海、广州、沈阳、南京、武汉、成都、西安8个城市的核心节点组成。核心层的功能主要是提供与国际互联网的互联，以及提供大区之间信息交换的通路，它们之间为不完全网状结构。其中，北京、上海、广州核心层节点各设有国际出口路由器，负责与国际互联网互联，其他核心节点分别以至少两条高速ATM链路与这三个中心相连。大区层是指全国31个省会城市按照行政区划分，以上8个核心节点为中心分别形成8个大区网络，它们共同构成我国网络空间大区层。每个大区设两个大区出口，大区内其他非出口节点分别与两个出口相连。大区层主要提供大区内的信息交换以及接入网接入ChinaNet的信息通路。大区之间通信必须经过核心层。再向下细分就是连接在城市级网络下面的企事业单位或个人网络用户。

网络协议（Internet Protocol，IP）是实现国际互联网中的各子网络互联互通的重要规则保障。不同的网络（如以太网、分组交换网）由于传输数据的基本单元（技术上称为"帧"）的格式不同而无法互通。网络协议就是为计算机网络相互连接进行通信而设计的协议，也是互联网中计算机实现相互通信的基本规则。它实际上就是通过一套由软件、程序组成的协议软件，将各种不同的"帧"统一转换成"IP数据包"格式。这种互通规则也因此赋予了互联网以意义重大的开放性特征。网络协议中还有一项重要的内容，就是为互联网中的每一台计算机和其他设备配备地址，即人们所熟知的IP地址。它的功能类似于电话号码，用以标识机器或用户，便于实现数据传输。

网站是网络空间的重要组成部分，它是依据一定的规则，使用HTML等工具制作的用来呈现信息内容的相关网页的集合，用户需要使用浏览器来转呈网页内容。网站通常是由域名、空间服务器、DNS域名解析、网站程序和数据库等组成的。所有的网页集合构成了该网站的网络空间，它们由专门的独立服务器或租用的虚拟主机承担。网站源程序则放在网站空间里，表现为网站前台和网站后台。前者是绝大多数普通用户的活动场所。在互联网发展早期，网站仅能提供单纯的文本信息。如今网站的呈现手段已经相当丰富，图像、声音、动画、视频甚至3D技术都已成为常见的信息传播方式。不同类型的网站可分别为用户提供诸如新闻资讯、信息查询、社会交往、商务交易等纷繁多样的服务。

（二）网络空间的现实效应

互联网是20世纪中后期全球军事战略、科技创新、文化需求等多种因素混合发展的产物，经过多年的发展，网络空间对现实世界各国的政治、经济、军事、社会、文化等无不具有广泛而深远的影响，它在一定程度上打破了传统主权国家发展和治理的边界，把全世界整合在一个共同的信息交流空间中，促使政府的运作方式、企业的经营模式、军队的作战手段以及人们的生活方式都在发生深刻的变革。

在国际关系方面，网络空间使得国家主权和民族国家的概念呈现不同程度的弱化，建立在民族国家意识基础上的爱国主义和文化归属感也受到了巨大的冲击，而全球合作的价值理念得到进一步彰显，基于全球网络空间的各国相互依存度大大增加。从总体来看，网络空间的发展总体上促进了各国国际关系的稳定，任何打破网络空间国家合作格局和发展均势的行为都可能引起全球舆论的轩然大波。

在经济发展方面，网络空间已成为人类经济活动的重要场域，各国经济发展开始转向以信息技术为主要推动力的信息经济增长模式。在全球网络空间中，商品、服务、资本和劳动力通过网络信息资源，跨越地域限制和时间差异在全球范围内自由流动。网络空间成为企业资源合理配置并开拓新兴市场不可或缺的平台。然而，网络空间为经济发展带来新机遇的同时，信息基础设施本身的脆弱也给经济安全带来了一些新问题。屡屡发生的网络犯罪已给各国经济造成了巨大损失。

在思想文化领域，全球网络空间的发展使得文化从纵向传承转为横向拓展，为不同文化相互碰撞、冲突、融合、升华提供了重要契机。在全球网络空间中，人们的聚合方式突破了传统的地缘、血缘和业缘等传统限制，以不同的信息需求分类聚集成组群，背后是全球思想观念和文化价值的重构。与此同时，网络空间的发展实现了向个体的传播赋权，信息的产生和传播模式发生了深刻变化，每个用户既是信息的生产者也是信息的接收者，信息传播的模式由自上而下的模式转变为网状模式，网络信息传播权得到了极大的普及。

综上所述，网络空间为人类提供了全新的信息交流体验和社会交往方式，对人类社会的生产方式和社会关系的变化起到了巨大的推动作用，给各国政治、经济、文化等领域发展均带来了重大的现实影响。其中，在现实发展中既有积极的效应也有消极的影响，但一个不争的事实是，网络空间的发展潮流不可阻挡，是继陆地、海洋、天空、太空之外人类又一个赖以生存的"第五空间"，因此，全面、科学地评估全球网络空间的发展现状，切实推动本国网络空间的安全和发展，对每个国家都具有极其重要的战略意义。

三、网络空间的信息资源与信息权力

（一）网络空间信息资源结构及其配置

1. 网络信息资源的概念及结构

信息技术的高速发展带领人类进入了信息时代，并拓展了国家关键性资源的范畴，信息资源成为人们工作和生活中最重要的资源种类之一。信息技术突破了自然时空的限制，构建出人类第五大空间——网络空间，如今已成为人类思维活动以及信息和知识流通与存储的主要空间。

网络信息资源，也称电子信息资源、联机信息、万维网资源等，狭义的网络信息资源通常是指"以数字化形式记录的，以多媒体形式表达的，存储在网络计算机磁介质、光介质以及各类通信介质上的，并通过计算机网络通信方式进行传递的信息内容的集合，简单地说就是指借助网络环境可以利用的各种信息资源的总和"。广义的网络信息资源还包括与信息内容的产生、传播、存储等活动相关的设备、人员、系统等要素的总和。

与传统的信息资源相比，网络空间中的信息资源在数量、结构、分布和传播的范围、载体形态和传递手段等方面都显示出新的特点。网络空间的海量信息资源是以网页和网站的形式呈现的。网站中网页间的链接形式决定了用户访问信息资源的浏览次序和效率。网页的链接结构通常可以分为树状结构（层级机构）和网状结构（平级机构）两种基本形式。

各种以不同方式组织起来的网页站点存在于不同级别的网络空间基础设施——服务器上。网络空间架构的先天不均衡性，以及前面所述的全球各国信息技术发展水平的巨大差异，导致网络信息资源在全球分布也呈现出明显的不均衡性。

2. 网络空间的信息资源配置

与网络信息资源概念相对应，网络空间的信息资源配置也存在广义和狭义之分。广义的信息资源配置，指将信息内容本身及其与信息传播相关的设施、人员、网络等资源在数量、时间、空间范围内进行分配、流动和重组；狭义的信息资源配置仅指对信息内容在不同时间和不同地区、不同行业、不同部门之间进行的匹配、流动和重组。

（二）网络空间信息权力嵌入及其规制

网络空间信息资源的不平衡引出了网络空间信息权力的概念。根据政治学、社会学和法学等学科范式，权力通常被理解为控制或影响他人的能力。

通常而言，权力都是与一定的资源条件和物质支撑联系在一起的。因而，在网络空间里，权力及其行使所依赖的就是与构成网络空间相关的信息基础设施、网络（互联网、电信网、计算机网等）、软件、人力资源和技术等要素资源。网络空间是一个基于实体空间的虚拟空间，故网络权力是指利用电子设备相互联系的网络领域，进行信息资源获取时，能够得到预期的结果的能力，以及利用网络空间创造优势并影响发生在其他行动领域和权力形式之间的事件的能力。由于网络空间是人类凭借信息技术构建出的人造空间，因此在建造时权力关系就已经被嵌入网络空间系统中。

首先，网络信息技术的先发国家掌控网络空间的技术标准和系统设计的权力。网络空间在技术层面上具有可复制性，但是在政治和经济层面上却是不可复制的。也就是说，虽然任何一个国家或企业当其技术达到一定程度后，便可构建出一套类似的系统，但是从政治和经济层面而言，在一个统一的系统中获取信息的成本为最低，这就要求网络空间保持开放性和交互性，因此用户很难接受第二个互联网。

其次,从互联网的架构组织方式来看,它采取的是自上而下的层级管理模式,对每一层级的服务器权限进行分配。全球互联网有13台根服务器,它们分别负责管辖连接在其下的顶级域TLD服务器,TLD则负责管辖其下层的权威DNS服务器。根服务器掌管网络空间的所有信息资源,并能决定所有IP地址的存在与否。低层级的服务器只能向上一级提出各种服务请求,却无法反向主控这些请求是否得到执行。

再次,从信息系统运行的程序来看,存在前台程序和后台程序,后台程序存在权力垄断。后台程序通常处于普通用户认识范畴之外,在系统的操控和监管的层面存在隐形权限,且几乎不受公众的制衡与监督。这种由于后台程序的隐匿性所赋予设备制造商、系统运营者和政府监管者的权力常被人们忽视,用户的权益也曾因此被侵犯。作为信息系统使用者的普通用户,从一开始就处于信息权力的不对称地位。

最后,通过知识产权及相关法律来实现网络权力的规制。网络空间与传统空间一样,需要一套管理空间的规则。

(三) 网络空间信息资源的国际竞争

随着网络空间社会化程度的加深,包括资本、信息、技术、商品、服务和技术劳工等在内的各种资源开始在全球网络结构中流动。任何一个不能有效利用信息通信技术的国家,都有可能被排斥在全球新经济体系之外。然而,对于每一个接入网络空间的国家而言,需要对信息基础设施进行大量的投入,从而可能会短期提高社会运行成本;同时,也可能削弱国家对资源的掌控能力,从而导致传统主权在一定程度上的弱化。

网络信息资源主要是指包括与信息内容的产生、传播、存储等活动相关的设备、人员、系统等各种要素的总和。因此,网络空间信息资源的国际竞争主要表现在以国家为主体的信息产品生产的国际分工竞争、网络空间资源的控制竞争和网络准备程度竞争三个方面。在国际分工竞争方面,参与国的着眼点在于有效利用本国生产要素,扩大信息技术类的国际贸易份额。信息技术类产品大致可分为三类:一是信息技术基础设施方面的产品;二是运行信息基础设施的软件产品;三是借助信息技术基础设施传播的内容产品。由于信息产业的生产链较长,因而各参与国在信息产品贸易中形成了深度的分工协作和依存关系。每个国家依据自身的资源优势条件,有选择、有目的、有策略地参与国际分工和竞争。在网络空间资源的控制竞争方面,首先,对资源的掌控意味着权力的提升,因此,核心信息和知识资源的稀缺性使得占有和控制它们成为各国竞争的主要目标;其次,网络空间资源的有限性导致各国在存储空间、运算空间、地址资源和无线电带宽资源等方面展开了竞争。在网络准备程度方面，国际上通常采用世界经济论坛与哈佛大学开发的"网络就绪指数"指标体系来比较各国运用信息技术推动经济发展和提升国际竞争力的综合情况。

第三节 网络空间信息安全

一、从传统安全观到新安全观

国家安全是随着国家的产生而出现的，具体是指维护国家和民族的生存、主权、领土、社会制度、社会准则、生活方式以及社会、政治、经济、科技、军事等利益不受威胁的状态。从古至今，国家安全的内容和形式不断丰富且日益复杂，不同历史发展阶段的国家安全也有不同的侧重点。时至今日，国家安全既包括政治安全、军事安全、经济安全、社会安全、领土安全，也包括科技安全、文化安全、自然生态环境安全、信息安全等。

（一）传统安全观的理论范式

国家安全观（也称安全观）是人们对国家安全的威胁来源、国家安全的内涵和维护国家安全手段的基本认识。它包括事实认知、价值评价和主观预期三个主要方面，即安全观首先是对国家安全状态的客观反映，此外安全观还应该包括主体对国家安全客观现实的价值评价，这种基于利益的或具有主观倾向性的价值判断在一定程度上会影响主体对国家安全客观现实的真理性认知；同时，安全观还包括主体对国家安全发展状态的预测和期望，以及如何主动建立国家安全保障机制，如何改善国家安全状态，需要进行的国家安全工作等提出一些想法、观点、意见和建议，这些也是国家安全观的重要内容。

传统安全观是人们的国家安全与国际关系相关思想观念的汇集融合，经过长期发展和验证，传统安全观逐步形成了较为稳定的理论范式，可从以下几个方面进行解析。

1. 从安全主体来看

国家是安全最重要的主体，一切安全问题都要围绕国家这个中心，它专注于解释国家的行为，对个人、公司、多国组织等角色有意识地加以忽视。因此，传统安全观以国家安全为中心和本位，把国家作为最主要的安全主体的逻辑是与人类历史发展相一致的。

2. 从安全目标来看

传统安全观认为国家的最终目的是最大限度地谋求权力或安全，在处理国家关系时，任何抽象的或理想主义的考虑都是没有意义的，只有对国家利益和权力的追求才是至高无上的。

3. 从安全性质来看

传统安全观认为国际体系在本质上是一种无政府状态，没有一个最高权威来提供和保证一国的安全，国家必须依靠自己的力量来保护其利益。由于国家追求各自利益是永无止境的，国家间又总是存在着利益的纠葛，因此，在国际体系中任何一个主权国家的存在对别国来说都是一种本质上的不安全。

4. 从安全手段来看

传统安全观认为军事手段是维护国家安全最基本、最重要的手段，国家倾向于以威胁或使用军事力量这种手段来保证其国际政治目标的实现。

5. 从安全主体间的关系来看

传统安全观认为国家在安全问题上总是处于两难境地，由于安全主体追求单边安全而非共有安全，追求单赢而非双赢或多赢，必将不可避免地导致安全困境。

传统安全观所关注的焦点是国家如何应对其他国家的军事、政治、经济等威胁，包括外部敌对国家可能对本国发动的军事攻击、经济命脉的控制等方面。因此，基于军事力量的国家生存安全构成了传统安全观的主要方面，国家安全更多地取决于军事等手段维护本国的地理疆界、政治稳定以及其他战略利益。

(二) 新安全观的内涵

新国家安全观主要是指对一些不同于传统安全观的新安全思想和观念的统称，因此也被称为"非传统安全观"。从总体来看，新安全观主要有以下特点。

1. 安全主体多元

安全保障的主体不仅包括国家，还延伸到了个人、群体和国际组织等，与此对应的是对国家产生威胁的主体也呈现出多元化特点，威胁主体不再仅仅是主权国家，也有可能是有经济和军事实力的政治组织，或具备高科技手段的黑客。

2. 安全领域综合

新安全观主张安全的对象是包括政治安全、经济安全、军事安全、文化安全、信息安全、生态安全等多领域的综合安全体，各个领域的安全态势和保障方法虽然不同，但是相互联系、相互依存。

3. 安全手段柔性

新安全观认为当前的保障安全的基本手段仍是军事力量，但它已经不是唯一手段，未来国家之间的安全冲突更多地依赖于经济、政治、科技、文化等手段的综合运用。

4. 安全边界模糊

国家之间利益交错，国家安全成为相对概念，安全边界也始终处于变动中，也许一国军事实力远远强于其他所有国家，但该国也不一定能够确保其绝对安全。

5. 安全重心内化

随着国际机制的成熟与健全，外部威胁因素在减少，合作成了处理国家关系的主要选择，相对而言，影响国家安全的内部因素的地位和作用却在不断上升。

二、网络空间信息安全的威胁与保障

(一) 网络空间信息安全的多元内涵

"安全"通常被定义为"免受威胁的性质或者状态"，信息安全并非信息时代的新概念，它的内容伴随人类科技进步与社会发展不断丰富。事实上，人类自从有信息产生和交流以来就一直面临信息安全的问题，如古代为了书信传递的保密使用蜡封将书信封装在信封内，或是使用暗语口令等确认信息接收人的身份，这些均是信息安全实践的雏形。随着数学、语言学等学科的发展，密码学诞生。这一研究"关于如何在敌人存在的环境中通信"的技术将信息安全研究引入了科学轨道。

随着网络信息技术的飞速发展和深度普及，全球网络空间兼具基础设施、媒体、社交、商业等属性，同时融合了现实社会的巨大利益，网络空间信息安全威胁成为各国综合性安全威胁的主要载体，谋取网络空间信息安全优势是各国政府巩固本国实力和拓展全球影响力的重要目标。

就信息安全的基本内涵来看，网络空间国家信息安全是指国家范围内的网络信息、网络信息载体和网络信息资源等不受来自国内外各种形式威胁的状态。但实践表明，网络空间国家信息安全具有极为丰富和复杂的内涵，如果仅从技术层面理解网络空间国家信息安全，通常难以有效解释和系统涵盖网络空间对政治、经济、文化和社会等带来的全方位冲击，尤其是以网络信息内容为核心的各类思想文化领域的安全威胁。

综上所述，为了准确理解网络空间信息安全的内涵，可以将网络空间信息安全分为技术性安全（硬安全）和非技术性安全（软安全）两个维度予以分析。其中，技术性安全主要是指维护网络空间的信息或信息系统免受各类威胁、干扰和破坏，核心是保障信息的保密性、可用性、完整性等基本安全属性；非技术性安全主要关系文化和政治领域，它受一国文化和法律环境的影响，网络空间信息内容的真实性、合法性、伦理性等主观性指标则是网络空间国家信息安全的评判标志。

（二）网络空间信息安全的主要威胁

网络空间国家信息安全威胁是指对网络空间国家信息安全稳定的状态构成现实影响或潜在威胁的各类事件的集合。正如网络空间信息安全的多元内涵一样，网络空间信息安全威胁的形态多变且相互交织。从总体来看，网络空间信息安全威胁可以从以下三个维度加以划分：①从威胁的对象性质来看，包括技术性和非技术性威胁，其中技术性威胁又可分为物理层、系统层、网络层、应用层。平台的漏洞所造成的信息安全威胁，而非技术性威胁按性质可分别纳入政治、文化、社会、经济等中宏观安全威胁领域。②从威胁的实现形式来看，有网络病毒、僵尸网络、拒绝服务攻击、旁路控制、社会工程学攻击、身份窃取、高持续性威胁攻击（APT）等。③从威胁的实施主体来看，有各类黑客的攻击、恐怖主义分子和民族国家政府的信息战，工业间谍与有组织犯罪集团的非法入侵，信息窃取和非法网络公关（网络水军），以及相关利益主体的网络政治动员、网络舆论战等。

随着网络空间的价值和影响不断被放大，网络空间各行为主体围绕网络空间的战略博弈也在全面升级。全球网络空间信息安全威胁格局呈现出网络信息战广泛应用、网络政治动员全球交锋、网络地下经济全面泛滥等典型威胁态势。

1. 网络信息战广泛应用

网络信息战是敌对双方为争夺信息权而展开的博弈。现代意义的信息战是伴随网络信息技术的发展和普及而产生的一种全新的战争和冲突状态，它是以覆盖全球的计算机网络为主要战场，以计算机技术和现代通信技术为核心武器，以争夺、获取、控制和破坏敌方的信息资源和信息系统为直接目标的一系列行动。

网络信息战有广义和狭义两种定义。广义的网络信息战不仅涵盖军事领域，还指向政治、经济、社会、科技、文化、金融等领域，是信息时代全球面临的共同威胁。狭义的信息战主要针对军事作战领域。从总体来看，网络信息战正从军事领域向民用领域拓展，并呈现出五个主要特点：①突袭性。网络信息战不受时间和空间的约束，可以随时随地发起并完成攻击，极大地增加了防范的难度。②模糊性。现代信息技术为攻击者提供了先进的伪装和转移手段，攻击的真实来源通常具有高度的模糊性和隐匿性。③非对称性。网络空间信息战不仅包括主权国家间，也包括国家与黑客、恐怖分子、有组织犯罪集团、竞争性企业等的对抗。④控制性。信息战的交战双方只是在网络空间展开斗争，强调控制对手而非消灭对手。⑤低成本性。信息战的技术门槛和成本较低，使得拥有较少资源的一方可以向拥有丰富资源的一方发起攻击，并使之产生较大的损失。

2. 网络政治动员全球交锋

网络政治动员是国家、利益集团以及其他动员主体为达到特定的政治目的，利用网络和传播技术在网络空间有目的地传播具有针对性的信息，诱发意见倾向，以获得人们的支持和认同，进而号召和鼓动人们在现实社会进行特定政治行动的行为过程。从全球视野来看，最常见的网络政治动员可归并为五类：①现实社会中的边缘群体和草根阶层进行公共抗议的网络政治动员。②各阶层和相关利益集团试图影响政府公共政策倾向的网络动员。③竞选政治中各层次候选人所进行的议题动员和投票动员。④国家主流意识为实现政治目标主动进行的网络政治动员。

网络政治动员对国家政治稳定和社会进步具有双刃剑效用，从加强网络安全和维护社会稳定的角度去审视，需要对网络政治动员的危害有清晰的认识：①网络政治动员的泛主体性特征，可被反政府力量用作颠覆性的动员，通过制造流言、散布不满情绪、组织抗议等网络政治动员行为威胁国家政局稳定。②网络政治动员的群体认同性特征，可能削弱政府形象和国家权威。③网络政治动员的随机触发性特征，会极大地破坏社会稳定。④网络政治动员的跨国性特征，改变了国家安全的含义，给国际关系和全球治理带来了新的变量和挑战。

（三）网络空间信息安全的保障重点

1. 现代工业控制系统

工业控制系统是企业用于控制生产设备运行的信息系统的统称，由各种自动化控制组件和实时数据采集、监测的过程控制组件共同构成，其主要组件包括监控与数据采集系统（Supervisory Control and Data Acquisition，SCADA）、分布式控制系统（Distributed Control System，DCS）、可编程逻辑控制器（Programmable Logic Controller，PLC）、远程终端（Remote Terminal Unit，RTU）、智能电子设备（Intelligent Electronic Device，IED）以及确保各组件通信的接口技术。工业控制系统广泛运用于能源、军工、交通、水利、市政等关键基础设施领域，工业控制系统的安全性直接关系到国计民生。

早期的工业控制系统通常是与外部系统保持物理隔离的封闭系统，其安全保障主要在组织内部展开，并不属于网络空间信息安全的保障范畴，随着信息化与工业化的深度融合以及物联网的快速发展，工业控制系统越来越多地采用通用协议、通用硬件和通用软件，且以各种方式与企业管理系统甚至互联网等公共网络连接，工业控制系统因此正面临黑客、病毒、木马等信息安全威胁。

2. 国家基础性信息资源

国家基础性信息资源是对一国的经济社会发展和国家管理具有基础性、基准性、标识性、稳定性、战略性的信息资源的集合。要深化国家基础信息资源的开发利用，建设国家基础信息资源库，具体建设内容包括五个方面：①人口信息资源库。②法人单位信息资源库。③空间地理信息资源库。④宏观经济信息资源库。⑤文化信息资源库。上述基础信息资源是国家重要的战略性信息资源，对其的开源、开发、开放是推动政府和企业创新的关键，但与此同时，强化政府、企业、个人在网络经济活动中保护国家基础信息资源的责任，依法规范各类企业、机构收集和利用上述信息资源的行为，也是各国保障国家基础性信息资源的基本共识。

3. 金融信息系统

现代信息技术催生全新金融业态，金融信息系统成为联系国民经济各个领域的神经系统，作为数据密集、大型复杂、实时交互、高度机密的人机系统，金融信息系统安全是各类金融机构乃至国家经济发展和社会稳定的生命线。

金融信息系统的安全威胁主要表现在：①金融信息系统在采集、存储、传输和处理等方面的数据量大，业务复杂，对金融信息系统稳定运行的要求不断提高，业务连续性等成为衡量金融信息系统安全的重要指标。②金融信息系统日益开放互联，网上金融交易业务不断拓展，来自互联网等外部公共网络的攻击、病毒及非法入侵等安全威胁日益严峻。③金融信息资产的价值日益凸显，金融机构针对金融信息资源的开发力度不断加大，对用户信息保护构成威胁。

国内外金融信息系统安全保障的方法和手段趋同，银行、证券、保险等金融机构主要通过建立等级保护、容灾、应急响应体系等为基础的信息保障体系实现金融信息系统的安全稳定。其中，在等级保护层面主要根据金融信息、资产的重要程度合理定级实施信息等级安全保护，在容灾层面主要通过建立同城或异地的数据备份中心予以实现，应急响应则主要指建立并完善金融信息系统应急响应机制。

4. 网络个人信息

网络个人信息的采集日趋便捷和全面，除了涵盖公民身份类数据外，还包括公民的交易类数据（消费与金融活动）、互动类数据（网络言论）、关系类数据（社会网络）、观测类数据（地理位置）等，各类数据的关联聚合可以准确地还原并预测个人的社会生活全貌，当数据量达到一定规模时将产生巨大的经济效益。在此驱动下，网络个人信息安全保护面临复杂严峻的形势，任何单一固化的保护模式均难以为继，须重点从法律体系、自律机制、管理标准、组织机构、技术应用等多个层面构建立体协同、动态发展的个人信息安全保障体系，从根本上遏制网络时代个人信息安全的系统性风险。

三、网络空间信息安全国家战略

（一）网络空间信息安全国家战略的基本概念

战略一词历史久远，其最早是军事领域的概念，即"战争的谋略"。

现代"战略"一词除了仍然适用于军事领域，还被引申至政治和经济领域（政治、经济和军事也被称为大战略的三大支柱），其含义演变为泛指统领性的、全局性的、左右胜败的谋略、方案和对策。

国家安全是包含政治安全、军事安全、社会安全、经济安全、文化安全、信息安全等领域的一个"综合性"安全体，并呈现出高度系统化和高速传导性的"链式"安全结构。其中，信息安全的作用日益凸显，不仅是该"综合性"安全体系的重要组成部分，也是该"链式"安全结构的基础性保障，更是网络时代下其他诸多国家安全利益的交汇和纽带。因此，网络空间信息安全战略已然上升到国家核心战略层面，成为国家综合安全战略的制高点和新载体。

在此背景下，网络空间信息安全国家战略（也称网络空间国家信息安全战略）是网络时代国家安全大战略的重要子集，可以理解为：为达成国家综合性安全的目标，国家行为体维护网络信息空间利益、保障网络空间信息安全所制定的一系列中长期路线方针，它是一个由政策、法律、规划、指南等有机组成并能对国家信息安全实践产生刚性或柔性指导作用的多层次战略体系。鉴于网络空间国家信息安全战略是一个高度复杂的科学系统工程，需要从宏观形势、内在机理、思想源流、考察体系等方面展开理论构建，以此为全球各国信息安全战略思想和方针提供分析框架。

（二）网络空间信息安全国家战略的内在机理

网络空间信息安全国家战略是一个高度复杂的系统工程，需要进行全方位的利弊权衡，必须充分考虑并科学平衡以下几对关系。

第一，信息化建设与信息安全在信息安全国家战略中的矛盾统一关系。一方面，信息化建设和应用普及不断催生新的信息安全威胁，信息安全成为信息化建设的有力保障；另一方面，国家信息安全问题的解决不仅有赖于信息化水平的提升，也有赖于国家信息优势的积累。因此，信息化与信息安全是事物的一体两面，二元目标需要在信息安全国家战略中得到充分体现。

第二，管理和技术在信息安全国家战略中的同步发展关系。国家信息安全问题的解决需要通过安全技术得以实现，支持信息安全先进技术和重点产业的发展是战略的重要任务。与此同时，通过法规、政策、教育、制度等完善安全管理，实现技术与管理的有机结合更不能忽视。国家信息安全战略是技术与管理的双轮驱动，过度偏重某一方面的发展必将导致战略的失效。

第三，成本与收益在信息安全国家战略中的综合平衡关系。信息安全的实现有赖于保障成本的持续投入，而与之对应的是信息安全收益通常无法客观测度，过度的安全保障必然导致成本畸高和效率低下。因此，寻求成本、收益、效率的综合平衡是国家信息安全战略的关键，具体措施包括确定重点领域、优化资源配置、建立科学的风险收益评估体系和安全等超级标准等。

第四，国家安全与全球安全在国家信息安全战略中的动态交互关系。信息安全问题是全球各国共同面对的威胁与挑战，通过国际合作防范和应对信息安全威胁是理想途径。但是，由于各国在国家利益、法律、文化等方面的不一致，各国信息安全战略始终难以协调甚至存在对抗。为此，要立足国家利益和基本国情制定符合未来发展需要的国家信息安全战略，要立足全球层面，推动本国信息安全法律、政策与国际的接轨，推动平等互利的"国际信息安全新秩序"的形成。

（三）网络空间信息安全国家战略的思想源流

信息安全国家战略不仅是一个中长期战略规划，更是一个适应信息社会发展规律的科学管理体系。当前可供借鉴的国内外相关思想源流丰富，可为网络空间信息安全国家战略的构建提供指引。

1. 军事领域的"信息战"理论

信息战是为夺取和保持"制信息权"而进行的斗争，也指战场上敌对双方为争取信息的获取权、控制权和使用权，通过利用、破坏敌方和保护己方的信息系统而展开的一系列作战活动。

2. 政治法律领域的"信息主权"理论

信息主权是在国家主权概念的基础上演化而来的，是信息时代国家主权的重要组成部分，它指一个国家对本国的信息传播系统进行自主管理的权利。从政治视角来看，信息主权是国家具有允许或禁止信息在其领域内流通的最高权威，包括通过国内和国际信息传播来发展和巩固本民族文化的权利，以及在国内、国际信息传播中树立维护本国形象的权利，还包括平等共享网络空间信息和传播资源的权利。从法律视角来看，信息主权是指主权国家在信息网络空间拥有的自主权和独立权。它具体包括主权国家对跨境数据流动的内容和方式的有效控制权；一国对本国信息输出和输入的管理权，以及在信息网络领域发生争端时，一国所具有的司法管辖权；在国际合作的基础上实现全人类信息资源的共享权。当前，国家信息主权的作用凸显，相关理论更加丰富成熟，成为国家信息安全战略的重要理论基石。

3. 国际关系领域的"公共外交"理论

公共外交与传统外交的区别是"公共外交"试图通过现代信息通信等手段影响其他国家的公众,而传统外交则主要通过国家领导人及相应机构影响外国政府。长期以来,美国是"公共外交"理论的最佳实践者,美国通过"公共外交"积极开展思想文化的宣传、输出。因此,无论是出于应对威胁或是构建中国"软实力"的需要,"公共外交"思想和方法都应该在国家信息安全战略中予以体现,并成为中国国家信息安全战略的重要理论支撑。

4. 战略管理领域的"博弈论"理论

博弈论最初是现代数学的一个分支,是研究具有对抗或竞争性质行为的理论与方法。当前,博弈论在战略规划和实践中得到了广泛应用,其核心价值在于分析对抗各方是否存在最合理的行为方案,以及如何找到这个合理方案,并研究其优化策略。当前,国家信息安全领域的斗争无一不具有显著的博弈属性,如国家间的信息对抗、密码的加密与破译、制毒与杀毒、网络思想文化的保护与渗透等,因此,从博弈论的视角认识和分析各类信息安全问题,并通过博弈论方法寻求信息安全的最佳解决方案,是优化国家信息安全战略的重要思路。如今,博弈论已经逐渐发展成为信息安全研究的重要方法论基础,借鉴博弈论的指导原则和原理方法研究国家信息安全战略是科学、有效的途径。

(四) 网络空间信息安全国家战略的考察体系

网络空间信息安全国家战略是各国保障本国网络空间安全和利益的战略性和系统性设计,为便于对全球各国信息安全战略进行比较分析,可以从战略环境、战略规划、法律法规、组织机构四大视角对全球各国网络空间信息安全进行梳理,以此来系统描述并比较分析各国网络空间信息安全战略脉络及其体系。

1. 战略环境——网络空间信息安全国家战略的实现基础

任何国家的网络空间信息安全战略都不能脱离本国经济、政治、文化以及信息技术的发展实际。以互联网为基础的全球网络空间不仅是技术基础设施和"超级媒体"。而且正在创造新的社会系统、权力结构、生活方式和价值观念。因此,网络空间信息安全战略环境包含了一国的政治、经济、军事、外交、科技等方面的客观条件及其所形成的安全态势。同时,战略环境又是一个动态发展的概念,政策、法律的实施对战略环境的发展变化具有重要的能动作用,客观准确地认识分析一国网络空间信息安全的战略环境是认识战略和制定战略的先决条件。

2. 战略规划——网络空间信息安全国家战略的顶层设计

网络空间信息安全政策规划是为维护网络空间利益、保障网络信息安全所制定的具有指导性的中长期发展战略性规划，宏观政策随着全社会信息活动的展开以及信息领域经济关系和社会关系的改变而调整，任何单独的信息安全政策都有局限性，因而各项政策之间难免存在相互矛盾和抵触的现象。信息安全宏观政策可以从多种维度进行划分：①从政策制定的主体和影响范围来看，可以分为国际（或国际组织）信息安全政策、国家信息安全政策、区域信息安全政策、行业信息安全政策等。②从安全领域来看，可以分为综合性安全政策、网络信息系统安全政策、网络内容安全政策等。③从政策的形式来看，可以从最高级的、具有较长时间跨度的、可统筹社会各领域的国家级战略，到次高级的可统筹相关产业的中期发展规划，以及一般级别的针对特定行业或具体管理对象的规定规范等。

（五）法律法规网络空间信息安全国家战略的制度基石

网络空间信息安全的法律法规是调整不同行为主体在保障信息安全过程中所产生的社会关系的法律法规总称。法律法规的调整对象是人类在信息互动中发生的各种与安全有关的社会关系，它依据信息和信息安全法律法规而产生并以主体之间的权利义务关系为表现形式，相较于宏观政策，网络空间信息安全法律更具强制性、稳定性和规范性，因此是一个国家（或区域）信息安全战略的制度保障，也是观察网络空间信息安全战略发展脉络的重要参考。

参考文献

[1] 艾明，杨静. 计算机信息网络安全与数据处理技术研究［M］. 北京：中国原子能出版社，2024.01.

[2] 巩建学，董佳佳. 计算机信息安全与网络技术应用研究［M］. 长春：吉林出版集团，2024.03.

[3] 王靓靓. 计算机信息安全与网络技术应用［M］. 哈尔滨：黑龙江科学技术出版社，2024.02.

[4] 梁亚声，汪永益，王永杰. 计算机网络安全教程第4版［M］. 北京：机械工业出版社，2024.01.

[5] 刘莹，廖东霞，张启亚. 计算机人工智能技术发展和应用［M］. 北京：中国原子能出版社，2024.03.

[6] 龙慧，张福华，国静萍. 计算机信息技术与大数据应用探索［M］. 北京：中国商务出版社，2024.04.

[7] 张朋，王淼，江渝川. 计算机应用基础与网络技术研究［M］. 延吉：延边大学出版社，2024.01.

[8] 陈吉成，郭艾华，葛虹佑. 计算机网络基础与应用研究［M］. 哈尔滨：哈尔滨出版社，2024.01.

[9] 王继林. 网络安全导论［M］. 西安：西安电子科学技术大学出版社，2024.02.

[10] 吴海琴，路翠芳，李尚东. 计算机网络技术与信息安全研究［M］. 延吉：延边大学出版社，2023.10.

[11] 黄亮. 计算机网络安全技术创新应用研究［M］. 青岛：中国海洋大学出版社，2023.01.

[12] 李春平. 计算机网络安全及其虚拟化技术研究［M］. 北京：中国商务出版社，2023.03.

[13] 王结虎，祝宝升，刘利峰. 电子信息与网络安全管理实践［M］. 哈尔滨：哈尔滨出版社，2023.05.

[14] 魏引尚，李树刚. 安全监测监控技术［M］. 徐州：中国矿业大学出版社，2023.05.

[15] 李雪莹，李跃忠，郝钢. 网络安全攻击与防御技术研究与实践 [M]. 大连：大连海事大学出版社，2023.09.

[16] 李小勇，李灵慧，刘川意. 信息科学技术前沿丛书内部威胁分析与防御技术 [M]. 北京：北京邮电大学出版社，2023.08.

[17] 殷博，林永峰，陈亮. 计算机网络安全技术与实践 [M]. 哈尔滨：东北林业大学出版社，2023.04.

[18] 周涛，陈欣，梁根社. 计算机网络管理与安全技术研究 [M]. 北京：中国商务出版社，2023.07.

[19] 阎岳，冀松，张丽娟. 计算机网络安全与防御策略研究 [M]. 北京：中国纺织出版社，2023.04.

[20] 吕雪，张昊，王喆. 计算机信息技术与大数据安全管理 [M]. 哈尔滨：哈尔滨出版社，2023.07.

[21] 吴国庆. 网络信息安全与防护策略研究 [M]. 北京：中国原子能出版社，2023.01.

[22] 张浩. 计算机信息安全与人工智能应用研究 [M]. 哈尔滨：哈尔滨工业大学出版社，2023.06.

[23] 张宾，宿敬肖. 计算机信息网络安全与数据处理技术研究 [M]. 北京：北京工业大学出版社，2022.12.

[24] 李超，王慧，叶喜. 计算机网络安全研究 [M]. 北京：中国商务出版社，2022.08.

[25] 石乐义，刘玉杰. 黑客文化与网络安全 [M]. 东营：中国石油大学出版社，2022.09.

[26] 孙佳. 网络安全大数据分析与实战 [M]. 北京：机械工业出版社，2022.04.

[27] 姚本坤. 计算机信息技术与网络安全应用研究 [M]. 长春：吉林教育出版社，2021.06.

[28] 贺杰，何茂辉. 计算机网络 [M]. 武汉：华中师范大学出版社，2021.01.

[29] 龙曼丽. 网络安全与信息处理研究 [M]. 北京：北京工业大学出版社，2021.11.

[30] 丛佩丽，陈震. 网络安全技术 [M]. 北京：北京理工大学出版社，2021.06.

[31] 穆德恒. 网络安全运行与维护 [M]. 北京：北京理工大学出版社，2021.10.